U0324193

国家自然科学基金项目（52004205，51174192，51974231）

大采高工作面
煤壁稳定性及其与支架的相互影响机制研究

郭卫彬　著

中国矿业大学出版社
·徐州·

内 容 提 要

本书针对煤矿大采高工作面煤壁稳定性及其与支架的相互作用关系进行了深入系统的研究。全书共分为 6 章,主要内容包括:绪论、基于节理裂隙损伤的大采高工作面采动应力分布规律、大采高工作面节理裂隙对煤壁稳定性的影响、松软煤层煤壁的位移失稳规律、大采高工作面支架-顶板-煤壁稳定性相互作用、大采高工作面煤壁与支架稳定性控制技术等。

本书可供从事采矿、安全等专业领域的科技工作者、高等院校师生和煤矿生产管理人员参考使用。

图书在版编目(C I P)数据

大采高工作面煤壁稳定性及其与支架的相互影响机制
研究 / 郭卫彬著. — 徐州 : 中国矿业大学出版社,
2021.8

ISBN 978 - 7 - 5646 - 4634 - 9

Ⅰ. ①大… Ⅱ. ①郭… Ⅲ. ①大采高—回采工作面—
煤壁—稳定性—研究 Ⅳ. ①TD802

中国版本图书馆 CIP 数据核字(2020)第 225465 号

书　　名	大采高工作面煤壁稳定性及其与支架的相互影响机制研究
著　　者	郭卫彬
责任编辑	满建康
出版发行	中国矿业大学出版社有限责任公司
	(江苏省徐州市解放南路　邮编 221008)
营销热线	(0516)83884103　83885105
出版服务	(0516)83995789　83884920
网　　址	http://www.cumtp.com　**E-mail**:cumtpvip@cumtp.com
印　　刷	徐州中矿大印发科技有限公司
开　　本	787 mm×1092 mm　1/16　**印张** 12　**字数** 235 千字
版次印次	2021 年 8 月第 1 版　2021 年 8 月第 1 次印刷
定　　价	45.00 元

(图书出现印装质量问题,本社负责调换)

前　言

　　大采高综采技术具有资源回收率高、工作面生产时煤尘少、瓦斯涌出量小等优点,成为我国厚煤层安全高效绿色开采的发展方向和主要技术途径。自 20 世纪 70 年代引入我国,经过 40 多年的生产实践,尤其是大采高设备的发展和应用,我国大采高综采技术在采高及产量方面处于世界领先水平。

　　多年的现场观测和理论研究表明,在大采高采场,大面积、大深度片帮是大采高工作面矿压显现的显著特征。煤壁片帮的加剧,对工作面端面顶板及支架的稳定产生较大影响,使得工作面支架失稳和端面冒顶的概率增大,类似事故的发生率比普通综采工作面高 10% 以上,严重威胁工人的人身安全,降低了大采高综采工作面的技术经济效益。而煤壁的稳定性也受到工作面基本顶运动、煤体强度和支架支护等的影响,其中煤体内部的节理裂隙对煤体强度有至关重要的影响。此外,在采动应力作用下,节理裂隙的扩展演化效应在一定程度上也影响着煤壁片帮的形态。

　　我国煤层赋存条件复杂,随着大采高工作面的广泛应用,生产中出现的煤壁片帮及其对大采高支架稳定性的影响等已经成为阻碍大采高工作面安全高效生产的关键问题。本书即是针对这一关键问题所进行的有关理论和现场研究成果,主要涉及以下 3 个关键问题:① 煤层节理裂隙对大采高煤壁的损伤效应;② 煤壁内裂隙的产生、扩展、贯通演化规律及煤壁失稳特征;③ 大采高工作面顶板-支架-煤壁三者相互作用机制。本书分为 6 章,包括绪论、基于节理裂隙损伤的大采高工作面采动应力分布规律、大采高工作面节理裂隙对煤壁稳定性的影响、松软煤层煤壁的位移失稳规律、大采高工作面支架-顶板-煤壁稳定性相互作用、大采高工作面煤壁与支架稳定性控制技术等。

这些研究成果是针对大采高综采工作面煤壁稳定性及其与支架的相关影响所开展的有关理论与技术方面的新近研究成果,体现了大采高综采的研究前沿和发展方向。

本书研究成果得到了科研团队与煤炭企业的大力支持。感谢博士导师刘长友教授、邹喜正教授在有关研究中给予的指导和帮助,感谢神火集团泉店煤矿以及同煤集团晋华宫煤矿等单位相关工程技术人员对于现场研究给予的帮助,感谢屠洪盛、赵通、李建伟、赵占全、路鑫、陈现辉、刘建伟、陈宝宝、吴睿、邱教剑、黄斌、翟天宇、张晋、杨玉亮、王瑞军、孙航、石磊、刘长郤、康庆涛、卫英豪、宫亚强等所做的有关研究工作。

由于作者水平所限,书中难免存在一些缺点和不足,恳求同行专家、学者和读者批评指正。

作　者

2021 年 7 月

目　录

1 绪 论

1.1 研究背景及意义

我国是一个厚煤层储量丰富的国家,2014 年我国煤炭产量约为 38.7 亿 t[1], 其中厚煤层产量占全国煤炭产量的 40% 以上[2-4]。因此,厚煤层开采技术的发展在很大程度上决定着我国煤炭行业整体技术研究水平的提高和经济效益的发挥[5-8]。煤炭资源的安全高效开采一直是我国煤炭工业的发展方向[9],研究开发厚煤层大采高综采相关技术理论和成套装备,是推动煤炭工业走新型工业化道路的有效措施,也是提升煤炭行业自主创新能力和核心竞争力的需要,更是国家能源发展战略的需要。

大采高综采具有资源回收率高、工作面生产时煤尘少、瓦斯涌出量小等优点[10-11],迅速成为我国厚煤层安全高效开采的发展方向和主要技术途径。随着科学技术的快速发展和开采装备水平的不断提高,尤其是大采高设备的发展和应用,大采高综采在我国煤层硬度较大、地质构造简单的晋城、神华等矿区已经取得了良好的效果,一次开采厚度可达到 6～8.5 m[12],工作面单产水平也得到了大幅提高(见图 1-1)。

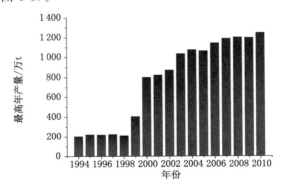

图 1-1　1994—2010 年大采高工作面最高年产量变化趋势

许多专家和学者通过多年的现场观测和大量的理论研究发现,随着大采高综采工作面开采煤层厚度的增加,垮冒的直接顶岩层厚度大幅度增加,覆岩产生破坏与移动的范围和程度大大增加,使采场覆岩内的应力、变形、位移、破坏程度不同于普通综采工作面(采高小于 3.5 m):大采高工作面基本顶来压较剧烈,煤壁片帮现象更为严重,大面积、大深度片帮是大采高工作面矿压显现的显著特征[13-14]。煤壁片帮的加剧,使得工作面支架失稳和端面冒顶的概率增大,类似事故的发生率比普通综采工作面高 10% 以上[15-17],严重威胁工人的人身安全,降低了大采高综采工作面的技术经济效益。

煤层作为一种大地介质,是在长期的地质历史时期形成的,经过复杂的地质作用,其内部存在着不同成因的节理、层理和裂隙等弱面[18]。从损伤力学角度看,煤体内部大量的断续节理裂隙,构成了煤体的初始损伤,所以煤体还属于一种具有初始损伤的介质[19]。所以在大采高工作面回采过程中,就煤壁的稳定性而言,煤体内原生节理裂隙及其扩展演化效应应予以高度重视[20]。除此之外,煤壁的稳定性还受到采动应力、顶板活动以及支架的控制作用等多种因素的影响,而煤壁的稳定性又会影响到工作面端面顶板及支架的稳定性等。

我国煤层赋存条件复杂,随着大采高工作面的广泛应用,生产中出现的煤壁片帮及其对大采高支架稳定性的影响等已经成为阻碍大采高工作面安全高效生产的关键问题[21-23]。因此,亟须开展厚煤层大采高综采工作面煤壁稳定性及其与支架相互影响问题的研究,相应的影响机制主要涉及以下 3 个关键问题: ① 煤层节理裂隙对大采高煤壁的损伤效应; ② 煤壁内裂隙的产生、扩展、贯通演化规律及煤壁失稳特征; ③ 大采高工作面顶板-支架-煤壁三者相互作用机制。图 1-2 为归纳的主要问题。

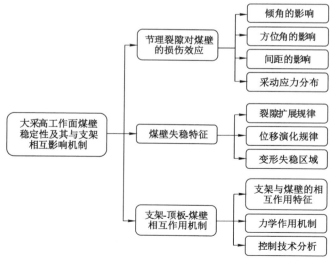

图 1-2 关键问题

笔者在现场科研课题研究积累的基础上,对上述问题开展研究,揭示受节理裂隙影响下大采高工作面煤壁片帮失稳特征及相应的主要影响因素,得出大采高支架对煤壁稳定性的控制作用以及煤壁稳定性对端面顶板和支架稳定性的影响,为大采高综采的合理应用、支架的合理选型及煤壁稳定性控制技术提供理论依据。这对于丰富大采高综采采场围岩控制理论,以及大采高综采的合理应用和煤岩稳定性控制具有重要的理论意义和实践价值。

1.2 国内外研究现状及存在问题

1.2.1 大采高综采技术的发展历程

俄罗斯、德国、波兰、捷克、英国等国从 20 世纪 60 年代开始发展采用大采高综采技术。1970 年,德国在热罗林矿使用贝考瑞特垛式支架成功回采了 4 m 厚的煤层;1980 年,德国又开发出最大支撑高度为 6 m 的支架,并在现场应用取得了成功[17,24]。随着生产装备的进一步发展,美国、澳大利亚大采高综采工作面生产能力可达 3 000 t/h,新一代的高产高效综采设备基本上可形成自动化采煤工作面[25],目前该技术已经成为国外厚煤层开采的主流技术[26-27]。

我国大采高技术开始于 20 世纪 70 年代,1978 年通过全套进口设备在开滦范各庄煤矿 1477 工作面进行了工业性试验,最高月产达到 94 997 t,为当时国内最高水平;1984 年,在西山矿务局官地矿 18202 工作面,首次使用全套国产设备并取得了 3 个月采煤 11.2 万 t 的成果;1986 年,邢台矿务局东庞煤矿开始探索国产大采高掩护式支架,在 1988 年达到了最高月产 14 万 t 的良好效果;20 世纪 90 年代初期,我国开始逐步推广大采高综采技术,但采高均未超过 5 m。随着安全高效矿井的建设以及装备技术水平的提高,从 1998 年开始大采高综采技术得到了长足的发展,工作面单产大幅度提高。近年来,大采高综采工作面最高单产均在 11 Mt/a 以上,部分工作面的产量及效率达到并超过国际水平,成为国际一流的大采高工作面。在采高方面,神东矿区补连塔煤矿、上湾煤矿均建成采高大于 7.0 m 的大采高综采工作面,这使得我国大采高综采技术实践在采高方面达到世界领先水平[17,24,28]。

1.2.2 煤壁片帮研究

煤壁片帮是煤体在矿山压力作用下,煤体破碎后滑塌下来的一种矿压显现现象[29],严重时易诱发工作面冒顶事故。片帮冒顶常常无明显前兆特征,具有突发性、发生频度高、难以防范等特点,是矿山生产安全的主要危害[30]。

刘长友教授带领的研究团队采用室内试验、数值模拟、理论分析及现场实测的手段[31-34]，详细分析研究了厚煤层大采高综采工作面煤壁稳定性及相应控制技术。极软厚煤层大采高开采煤壁片帮主要以剪切滑移引起的三角斜面片帮为主，台阶式割煤工艺改善了煤壁区域的应力状态，减少了工作面煤壁片帮和端面冒顶的发生；存在合理的台阶高度比使得煤壁前方塑性区最小。煤层硬夹矸能有效提高煤壁整体稳定性，煤体高度对煤壁稳定性影响较大，并给出了工作面煤体稳定条件。仅含层理煤层的采动剪切破坏面由倾向相反的共轭面组成；含节理煤层中，硬煤的采动破坏面为剪切破坏面与节理面张裂面组成的倾向相反的共轭面，软煤采动破坏面为倾向采空区的单向平面；超前塑性区内硬煤的后继剪切破坏面仍为倾向相反的共轭面，软煤内侧则为倾向煤壁的单向平面。采用塑性滑移线确定了煤壁片帮的危险范围，得到了煤壁失稳的主要影响因素。

王家臣[35]根据煤壁的受力以及煤体强度，通过分析得到：在脆性硬煤中煤壁多发生拉裂破坏，在软煤中煤壁多发生剪切破坏（图1-3）。煤壁片帮主要与煤体的顶板压力、抗剪强度、煤体性质有关，减小煤壁压力、改变煤体性质、提高煤体抗剪强度是防止煤壁片帮的主要途径。

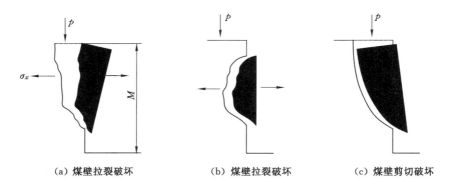

(a) 煤壁拉裂破坏 (b) 煤壁拉裂破坏 (c) 煤壁剪切破坏

图1-3 煤壁片帮形式

闫少宏、宁宇、尹希文等[14,36-38]将完整性较好的中硬大采高煤壁简化成一端弹性支承，一端刚性固定的受压杆，得到完整性较好的中硬煤壁片帮主要有2种形式：一种是半煤壁片帮，在顶板压力的作用下，距顶板0.65倍采高处首先失稳；另一种是整个煤壁片帮，当煤壁在采煤机的割煤或移架的影响下，煤壁将发生整体片帮。图1-4为某矿大采高煤壁片帮的实测结果，工作面煤壁片帮深度的统计如表1-1所示。

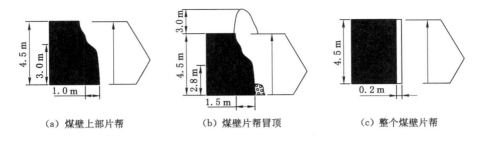

（a）煤壁上部片帮　　　　　（b）煤壁片帮冒顶　　　　　（c）整个煤壁片帮

图 1-4　某矿大采高工作面煤壁素描

表 1-1　工作面片帮深度统计

片帮深度/mm	主要分布时期	频率/%
≤300	正常推进	43
>300~600	正常推进	16
>600~1 000	来压时期	31
>1 000	来压时期	10

郝海金等[39]在边坡稳定性的基础上,采用概率分析的方法,建立了大采高工作面煤壁滑面力学模型,指出影响工作面片帮发生概率的因素主要有:不连续面的多少和方向、不连续面上黏聚力和内摩擦系数、直接顶对煤壁的压力及摩擦系数。

华心祝等[40]认为,在大采高综采工作面条件下,煤壁附近的煤体处于二向应力状态甚至单向应力状态,其支撑能力大幅降低,由于支承压力的增加或煤体强度的降低均会导致该区煤壁外鼓量的增加,从而导致煤壁片帮。同时分析了推进方向和推进速度对工作面煤壁片帮的影响规律,并运用极限平衡理论得到了煤壁片帮的影响因素主要有:采高、煤层倾角、煤体软化模量、应力集中系数、煤体抗压强度、煤体残余抗压强度、煤体内摩擦角、煤岩接触处内摩擦角、煤体黏聚力、护帮力、煤层的埋深及工作面推进方向等。

郭保华等[41]认为煤壁片帮的影响因素主要有:煤层节理裂隙等弱面分布及地质破碎带、煤壁处的支承压力、综采工作面管理及操作、基本顶来压、工作面推进方向、仰俯斜角度、煤壁暴露时间、顶梁接顶程度等。上述因素的交织作用,常导致片帮引起冒顶、片帮交替,形成较为困难的顶板管理局面。

弓培林[17]认为煤壁片帮是支承压力作用的结果,与煤体强度、煤的裂隙发育状态有直接的关系,并分析了宏观裂隙不同组合方式、煤层分层效应对煤壁片帮的影响规律,分析得到了大采高煤壁片帮概率增大,煤层的层状结构影响煤壁片帮,厚硬夹层能有效防止片帮等结论。

方新秋等[42]根据煤壁受力特征,探讨了煤壁片帮的机理。煤壁中存在圆弧形"滑动面",建立合理的力学模型,定性讨论了支架支护阻力和护帮力对煤壁片帮的作用机理,并根据边坡岩体平面破坏的极限平衡法,确定了煤壁最小临界稳定高度。

温运峰等[29]认为在超前支承压力的作用下,煤壁前方一定范围内的煤体处于极限平衡状态,煤体破坏符合格里菲斯强度理论,煤体内产生新的裂隙。在工作面推进过程中,基本顶的周期性失稳使得煤层上部发生变形及破断(图 1-5),其中△ABC 为易片帮区域,该区域内的煤体块度及排列方式决定了煤壁片帮的深度,而裂隙的密度在很大程度上决定着端面处煤体的块度。大采高工作面开采厚度的增加,使得极限平衡区范围以及基本顶下沉量增大,引起易片帮区面积及煤壁变形量的增加,易发生煤壁片帮。同时分析了推进速度、节理裂隙方向、仰采角度以及移架方式等因素对煤壁片帮的影响规律。

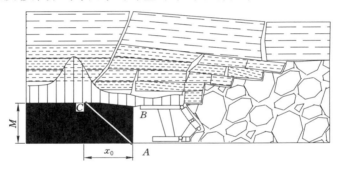

图 1-5   工作面围岩结构及其对煤体破坏的影响

李建国等[43-44]根据放顶煤工作面的应力状态,将煤壁片帮分为 4 类,即压剪式片帮、滑落式片帮、劈裂式片帮和横拱式片帮等(图 1-6),并分析了各类煤壁片帮的最大深度。

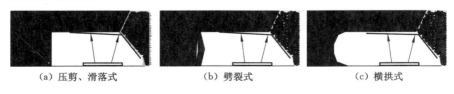

（a）压剪、滑落式   （b）劈裂式   （c）横拱式

图 1-6   煤壁片帮类型

夏均民[45]运用广义 Mises 准则推导出了煤体塑性区宽度,并分析得到了工作面前方煤体的破坏除与围岩应力大小有关外,还受节理、裂隙的影响。而煤体节理对煤体强度的影响程度,除与节理本身的力学性质有关外,主要取决于节理

与主平面 σ_1 的夹角。影响煤壁片帮的主要因素有采高、支架工作阻力、煤体节理面倾角、基本顶回转角、停采时间等。随采高的增加,煤体的破坏程度呈指数分布;随工作阻力的增加,煤体的破坏程度呈线性减小。

刘俊峰[46]认为煤壁片帮的机理是煤体材料变形模式从缓慢平稳的状态突然进入强烈变形的局部窄条带为主导变形的阶段,即局部化破坏现象。对于煤体材料的细微观稳定性,细微观断裂和损伤力学认为孔洞和裂纹是材料在细微观层次上发生突变和失稳的两种主要机制。影响煤壁平衡所需支护阻力的因素包括:采高、埋深、应力集中系数、内摩擦角、黏聚力等,敏感性分析表明,煤体的内摩擦角对煤壁片帮的影响最大。

尹志坡[47]认为煤壁片帮的机理为:煤体开采后,煤壁附近的应力平衡遭到破坏,水平应力迅速减小,支承压力迅速增大,使煤体产生新的节理、裂隙,即开采引起的次生裂隙发育,煤壁处于不稳定的状态;当支承压力达到一定值后,煤体加剧破坏,从而造成煤壁片帮。

刘洪伟等[48]研究了采高、支架工作阻力、煤体破裂角及节理面倾角、基本顶回转角和停采时间等对煤壁片帮的影响规律。随工作面采高的增加,煤体的破坏程度呈指数分布;随工作阻力的增加,煤体的破坏程度呈线性减小;随节理面倾角的增大,煤体的破坏程度逐渐增加;基本顶回转角和停采时间也对煤壁产生重要影响。

李建军[49]通过现场实测发现,在两硬条件下,大采高综采工作面只是局部出现片帮。推进速度为 5 m/d 时,片帮平均深度和长度分别为 0.39 m 和 6.65 m;推进速度为 9 m/d 时,片帮深度为 0.19 m,平均长度为 1.43 m;实测结果表明加快推进速度,煤壁片帮深度和长度都大大减小。

1.2.3 支架支护强度研究

钱鸣高院士等[50]从研究采场支架受力特点出发,将支架与围岩视为有机的整体,深入分析了它们之间的耦合作用,认为基本顶断裂后形成的给定变形与支架作用力无关,而与采空区处理方法及采高等有关,支架承受的给定变形压力则与直接顶的整体力学性能有关,并与直接顶(含顶煤)厚度成反比,从而在理论上进一步揭示了支架工作阻力与顶板下沉量之间的耦合关系。在现场调研实测基础上[15],分析了大采高液压支架倾倒特征,采用力学方法研究支架倾倒的控制条件,并在实践中得到了成功验证。

刘长友教授带领的研究团队[51-54]采用理论分析及现场实测的方法研究了支架位态、支架稳定性、工作面端面顶煤的稳定性及四连杆受力与平衡千斤顶工作方式及工作阻力之间的关系。采用物理模拟方法研究了两柱掩护式放顶煤支架与围岩动态作用规律,分析了顶煤硬度、支架主要结构与支护参数对支架与围岩作用过程的影响;提高支架工作阻力,减小顶梁前后比值可以提高支架与围岩作用关系的稳定性,改善支架的端面控顶效果。利用受力分析了炮采放顶煤条件下滑移式简体支架顶梁仰角对煤壁稳定性的影响,研究表明,支架顶梁仰角的增大将导致控顶区顶煤破碎程度的增加,扩大了控顶区顶煤松散体区域,导致顶梁的受力位置前移,煤壁处所受应力增大,煤壁易发生片帮。从支架整体角度分析了支架不同状态时不下滑的条件,给出了升架过程中支架重心动态变化及正常工作状态下煤层顶底板、旁侧支架压力大小对支架稳定性的影响条件。

祁寿勋等[55]采用理论分析,研究了大采高支架的横向和纵向的稳定性,并从支架设计和现场应用的角度提出了相应的技术措施,为大采高支架的应用奠定了基础。

韩俊效等[56]采用现场观测的方法研究了初撑力对采场矿压的影响,并利用回归分析法分析了支架初撑力与工作阻力的关系。研究表明,初撑力提高工作阻力也相应增大,支架初撑力的提高可以使支架工作阻力得到很快发挥且有利于顶板管理。

刘锦荣等[16]研究表明大采高支架的三维稳定性对大采高综采的高产高效具有决定性意义;应从支架的优化设计、合理的操作及其他方面等方面保证大采高支架三维稳定性。

王国法等[57]针对大采高综放开采矿压显现剧烈,建立了大采高放顶煤支架围岩耦合的组合悬臂梁模型,提出了基于支架围岩耦合模型和有限元分析的大采高放顶煤液压支架三维参数优化动态设计方法。

闫少宏等[58]采用现场实测、数值模拟相结合的方法对大采高工作面矿压显现规律进行了研究。研究结果表明,采高增加后,煤壁前方破坏面积及支承压力峰值明显加大、煤壁易发生片帮冒顶、采场顶板活动范围明显加大、顶板断裂线前移、岩层间离层量增加;大采高采场顶板易形成"短悬臂梁-铰接岩梁"结构,大采高综采支架工作阻力的计算公式被提出。

文志杰等[59]以大采高岩层运动及应力分布规律为核心,运用"传递岩梁"理论对大采高综采工作面上覆岩体破断类型及其平衡结构进行了分析,研究建立了大采高采场结构力学模型,探讨了大采高采场的覆岩结构及运动规律,详细分析了"给定变形""限定变形"两种力学状态下支架工作载荷及下缩量确定方法,修正了大采高下直接顶及基本顶的概念,确定了支架载荷的计算方法。

赵宏珠等[60]采用有限元模拟软件分析了不同采高条件下支架工作阻力对工作面围岩应力的作用规律。

弓培林等[61]在自制的支架试验台上进行了支架在多因素条件下的横向

倾倒与滑移试验,研究表明倾角是影响大采高支架倾倒的主要因素,采高与支架重心高度是支架倾倒的重要影响因素,移架顺序对支架的倾倒有明显的影响,同时分析了上述各因素与支架倾倒的相关规律,并提出了防止支架失稳的主要措施。

方新秋[62]运用现场实测、理论分析、数值模拟等方法,研究了支架架型对端面顶板稳定性的影响,指出支架前柱初撑力、支架前柱到煤壁距离对端面顶板稳定性有重要影响。

李宏建等[63]通过高产高效工作面的物理模拟实验,得到了高产高效工作面回采过程中,支架初撑力对围岩控制的作用和上覆岩层运动规律与支架围岩相互作用的关系。

王永东等[64]根据补连塔煤矿大采高支架的使用情况,分析得到了大采高支架钻底、部件损坏以及支架倾倒的原因是支架设计存在缺陷和工作面顶板压力大。

林忠明等[65]从静力学角度对大倾角条件下综放开采液压支架抗倾覆、滑移、扭斜稳定进行了分析,结合王家山煤矿的大倾角工作面的煤层条件和生产实践,对大倾角综放开采液压支架上述 3 种稳定性进行了研究,得到了煤层倾角、顶板压力、支架几何参数、支架工作状态对支架稳定的影响规律。

王春华等[66]认为液压支架稳定工作的必要条件是外载荷合理作用点必须在力平衡区范围内,并确定了 ZY10800/28/63 型支架的力平衡区的宽度,提出了支架稳定工作面的条件。

牛宏伟等[67]结合潞安王庄煤矿 6203 大采高综采工作面的具体条件,分析了大采高综放面支架的承载特性及其适应性。研究表明,支架承载的变化过程复杂,支架总体位态良好,能够适应大采高综放工作面的围岩活动规律。

王玉洁等[68]根据影响支架稳定性的主要因素,基于 Matlab 软件的功能和特点研究了大采高支架的建模与运动仿真的方法和应注意的问题,通过建模和运动仿真达到优化支架应用的目的。

郭振兴[69]采用现场实测、理论分析和数值模拟等手段,研究了大采高采场围岩的控制及支架稳定性。研究表明,大采高开采时煤壁片帮程度增大,主要表现为拉裂破坏与剪切破坏,并根据剪切破坏准则,得出了合理的煤壁支护强度;支架的稳定性与煤层倾角、支架宽度、顶板压力及支架重心高度等因素有关,并提出了相应的技术措施。

张武东[70]在现场实测的基础上,分析得到了工作面支架不稳定时易发生片帮冒顶事故;并将支架失稳类型分为横向失稳和纵向失稳两类,液压支架外载合力及大采高工作面顶板状态影响支架横向稳定性,支架结构的链接、工作面倾角、顶板稳定性、支架间的相互作用以及输送机等影响支架的纵向稳定性;同时提出了防治支架失稳的措施。

袁永[28]将煤壁稳定控制纳入采场-围岩控制体系中,提出了支架等效支护阻力和等效护帮力的概念与计算方法,同时分析了影响支架稳定性的敏感因素,提出了针对性的控制技术措施。

朱军[71]为有效控制大采高综采工作面煤壁片帮和冒顶,在支架设备方面提出了以下技术措施:提高支架初撑力、设置护帮装置以及减小梁端距。

朱世阳[72]通过数值模拟对工作面煤壁进行了稳定性研究,得到了随工作面采高不断加大或初撑力降低时,煤壁片帮严重。同时分析了影响支架稳定性的相关因素,主要包括工作阻力、初撑力、移架方式等,但没有分析煤壁失稳对支架稳定性的影响规律。

张丽芳等[73]针对淮北矿区"三软"煤层赋存特点,从支架结构、煤层倾角、初撑力、移架方式、刮板输送机以及顶板状态等方面,对 ZY10000/26/56 两柱掩护式大采高液压支架的稳定性进行了分析,有效地解决了大采高支架在使用中的技术难题,满足了工作面安全生产的需要。

1.2.4 大采高工作面顶板结构研究

郝海金等[74-75]在工作面上位岩层移动实测、模拟试验及工作面矿压观测的基础上,研究分析了大采高综采工作面上岩体破断位置及其平衡结构。研究表明,大采高综采工作面基本顶断裂的位置在工作面前方、上覆岩层存在着比分层开采层位更高但和放顶煤开采相似的平衡结构,结构的活动是一个逐渐变化的过程,平衡结构与其下的直接顶相互作用,这种作用方式与直接顶的直接损伤有关;传递到支架的载荷主要取决于支架上方直接顶的岩性和损伤的程度。

王家臣等[76]针对"两硬"条件大采高综采基本顶初次垮落的特点,建立全长工作面力学模型,提出沿工作面布置方向基本顶形成三块相互铰接的薄板结构,解释全长工作面呈分段、分期、迁移来压的原因;并运用弹性薄板理论,论证了工作面中部来压强度大于头、尾部。

付玉平等[77]以大采高采场基本顶初次断裂对称的关键块为研究对象,将其视为可变形体,分析了回转下沉不同位置的块体变形量与水平力的关系,探索了块体结构的平衡-失稳状态转化的临界点,详细分析了关键块在回转下沉过程中,作用在其上的水平力变化规律,给出了水平力与回转下沉角度、块体的块度系数以及上覆载荷和块体自身质量的量化关系式,并且给出了关键块发生滑落失稳和回转失稳时块度系数与回转角的关系,以及关键块平衡时具有承载能力的范围。

弓培林等[17,78-79]采用现场实测及相似模拟技术研究了大采高综采采场顶板结构特征,认为大采高采场覆岩破坏结构为"梯形台体结构",断裂带、离层带及弯曲下沉带以不同的形式影响大采高采场的应力分布及围岩控制;垮落带及断裂带高度大于相同煤厚分层开采相应的高度,并根据直接顶岩层结构不同,将大采高直接顶划分为Ⅰ、Ⅱ、Ⅲ型3种类型,并提出了各类条件下顶板载荷的计算方法。

鞠金峰等[80]通过理论分析、模拟试验并结合现场实测数据,提出了大采高覆岩关键层"悬臂梁"结构的3种形式,即"悬臂梁"直接垮落式、双向回转垮落式、"悬臂梁-砌体梁"交替式。

张惠等[81]通过实测补连塔煤矿综采面矿山压力,分析得到了薄基岩大采高综采面覆岩活动规律。薄基岩大采高工作面上覆岩层基本上为冒落带和裂隙带,无弯曲下沉带;顶板载荷层运动有"迟滞"现象和"载荷传递"效应,支架承受的仅为部分上覆岩层重量,体现了支架与围岩共同承载的特性;顶板呈台阶下沉的特性,工作面矿压显现强烈,具有明显的顶板多组关键层的特性。

黄乃斌等[82]通过对俯斜和仰斜工作面矿压实测,分析得到了大采高倾斜长壁工作面矿压显现规律。大采高倾斜长壁综采面顶板来压具有分段性,来压步距小,矿压显现剧烈;在非来压期间,支架多为初撑或一次增阻,来压期间多为二次或多次增阻;俯斜推进来压步距比仰斜推进步距大。

王春雷等[83]根据矿井的实际生产地质条件,采用理论分析的方法研究了大采高、浅埋藏综采工作面顶板活动规律。研究表明:工作面顶板赋存条件的变化对采场及回采巷道的矿压显现影响较大;直接顶薄的区域基本顶活动空间大,产生较大的动载,矿压显现强烈;直接顶厚的区域矿压显现相对缓和。

何鹏飞[84]采用现场实测、数值模拟等方法,对大采高采场覆岩结构及围岩控制技术进行了研究,得出大采高采场围岩控制的重点是裂缝带的下位岩层,由于采高较大,裂缝带需要控制范围大于普通综采;超前支承压力应力集中系数先增大后下降,最后趋于稳定值。

肖家平等[85]结合现场工程地质条件,采用 UDEC 数值分析软件分析了"三软"煤层上覆岩层运动结构特点、运移规律及应力分布情况。研究结果表明:"三软"煤层大采高工作面基本顶仍能形成"砌体梁"结构,对采场形成一定的保护作用,但其位置上移;工作面超前支承压力应力集中系数为2.5。

孙占国[86]以某矿 6.2 m 大采高工作面岩层赋存特征为工程背景,采用3DEC数值模拟软件,研究了不同采高下的上覆岩层垮落规律。研究表明,随采高的增加,上覆岩层离层量增加且顶板断裂线向前移动,基本顶失稳时易给支架造成冲击载荷,影响大采高支架的纵向和横向稳定性。

1.2.5 煤层节理的模拟方法

1.2.5.1 数值计算方法的选择

在工程地质问题分析中,将常用的数值方法分为连续方法、离散方法以及耦合法。其中,连续方法分为有限差分法、有限元法以及边界元法等,离散方法分为离散元法和离散裂隙网络法等,耦合法主要为边界元-有限元耦合法、离散元-边界元耦合法以及其他耦合方法[87-89]。每种数值方法都有各自的优点和缺点以及适用条件[90-91],应根据所研究问题的特点选用合适的数值方法。

对于裂隙岩体的模拟[92-95],连续法在模拟过程中需要引入特殊的单元[96-98],例如:在有限差分法中需要引入"裂隙元",在有限元方法中常用的特殊单元为"Goodman 节理单元"[99],在边界元法中最常用的处理技术为 DBEM(dual boundary element method)技术等[100-102],这种方法可解决节理裂隙数量不多的情况,若节理裂隙数量很多且交切情况复杂,这种方法受到一定的限制[103-104]。另外,在模拟岩体裂隙的产生和扩展方面,由于计算原理的限制和求解问题的复杂性,连续法数值模拟技术所需工作量大、技术难度高,而且相应的改进方法仍处于发展之中[87,105]。

离散元方法能够直观地表现出岩体中节理裂隙[106-108],它能考虑岩石块体和节理裂隙面之间的相互作用,非常适合用来计算复杂节理岩体力学行为,可以直观地模拟岩体内部裂隙的产生和扩展演化过程,而且已有成熟的商业程序可供使用(例如 Itasca 公司的 UDEC、3DEC 软件)。在处理非均质性、各向异性、复杂边界条件及动态问题等方面,有限元法具有很强的灵活性,方法成熟且有标准化的软件。这使得有限元方法以及离散元方法在岩石工程中得到了广泛的应用。

1.2.5.2 3DEC 软件简介

3DEC 是基于离散模型显示单元法的三维计算机数值程序[109-110],是在 UDEC(Itasca)程序的基础上发展起来的。3DEC 多用于模拟在静态或动态载荷作用下离散介质(如节理岩体)的力学反应。当地质条件清楚时,3DEC 可以很方便地定义节理,程序可以自动或手动生成一个或一组节理结构。

离散介质表示为离散块的集合,块体之间的不连续面被当作块体的边界条件处理,允许沿着块体的不连续面产生大位移和块体的旋转。单个块体可以是刚性的,也可以是可变形的材料,可变形块体被再次细化成有限差分单元网格,并且每一个单元都根据规定的线性或者非线性应力-应变规律响应,而节理的运动由在切向或法向上线性或非线性的应力-位移控制。3DEC 基于拉格朗日算法,适合于多块系统运动和大变形的模拟计算。

3DEC 可以模拟不同节理材料的力学行为,最基本的模型是莫尔-库仑模型,要求节理的弹性刚度、摩擦角、黏聚力、抗拉强度和剪胀角等参数。连续屈服节理模型是更为复杂的模型,可用来模拟由于塑性剪切位移的累积而导致的弱力学行为。在 3DEC 模型中,节理本构关系和材料属性可以分别赋给单个节理或一个节理组。

3DEC 中单元块可以是刚性的也可以是可变形的,程序内置 5 种可变形模型的本构关系,从表示开挖的"空"模型到可以模拟应变硬化/软化和非线性不可剪切破断的剪切屈服模型,所以程序可以模拟充填开采和完整的岩石类的岩土材料。此外,3DEC 还可以使用户根据自己的需要,自定义本构模型。

1.2.6　煤层节理裂隙产状实测结果

弓培林[17]为了分析支承压力作用下不同裂隙分布的煤体破坏特征,将煤体内的裂隙种类分成 3 大类和 7 小类,即:赋存 1 组裂隙(图 1-7)、2 组裂隙(图 1-8)及 3 组裂隙(图 1-9)。

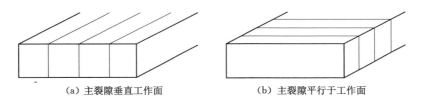

（a）主裂隙垂直工作面　　　　　　　　（b）主裂隙平行于工作面

图 1-7　1 组裂隙组合方案

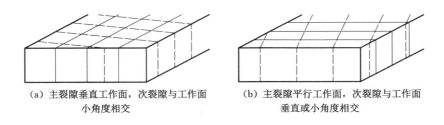

（a）主裂隙垂直工作面,次裂隙与工作面　　　（b）主裂隙平行工作面,次裂隙与工作面
　　　　小角度相交　　　　　　　　　　　　　垂直或小角度相交

图 1-8　2 组裂隙组合方案

宋选民[111-112]现场实测了古书院煤矿 13310、13301 和 13306 等 3 个工作面(表 1-2)以及王庄矿 6102 工作面和忻州窑矿 8916 工作面的裂隙分布特征(表 1-3、图 1-10)。

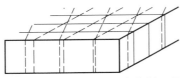
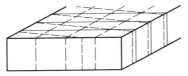

（a）主裂隙平行于工作面，次裂隙与工作　　（b）主裂隙垂直工作面，次裂隙大角度与
　　　面大角度相交　　　　　　　　　　　　　　工作面相交

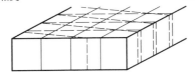

（c）主裂隙平行和垂直工作面，次裂隙与工作面小角度相交

图 1-9　3 组裂隙组合方案

表 1-2　古书院 3 个综放面裂隙分布特征

工作面	煤层硬度	裂隙组数	第一组裂隙		第二组裂隙		第三组裂隙	
			方位角/(°)	间距/m	方位角/(°)	间距/m	方位角/(°)	间距/m
13310	$f=3.5\sim4.5$	2	N30°～40°E	0.44	N70°～80°E	0.44	—	—
13301		2	N28°E	0.44	N82°E	0.44	—	—
13306		3	N28°E	0.44	N82°E	0.44	N33°E	0.44

表 1-3　王庄矿及忻州窑矿工作面裂隙分布特征

煤矿	工作面	煤层硬度	主裂隙			次裂隙			次裂隙		
			方位角/(°)	间距/m	与煤壁夹角/(°)	方位角/(°)	间距/m	与煤壁夹角/(°)	方位角/(°)	间距/m	与煤壁夹角/(°)
王庄矿	6102	$f=2\sim3$	34	0.35	56	80	0.5	10	320	0.64	60
忻州窑矿	8916	$f=4\sim4.5$	304	0.32	8	358	0.34	62	59	0.41	57

赵明鹏[113]现场实测了补连塔煤矿主采煤层节理裂隙发育情况，结果表明主采煤层中仅发育 0°、NE40°和 NW325°等 3 组节理，其中走向 NW325°一组为主节理，发育比例高达 55%（图 1-11）。史东广[114]现场实测了龙湖煤矿西一采区 472 采煤工作面节理裂隙的发育情况（图 1-12），并探讨了弱面的稳定性。

顾铁凤等[115]为研究裂隙方位对顶煤冒放性的影响，在实验室模拟了 3 种方位的顶煤裂隙的分布，裂隙平均间距为 1～1.5 m，并简化成单组裂隙分布的情况。第一种方位，裂隙方向平行于工作面；第二种方位，裂隙方向垂直工作面；第

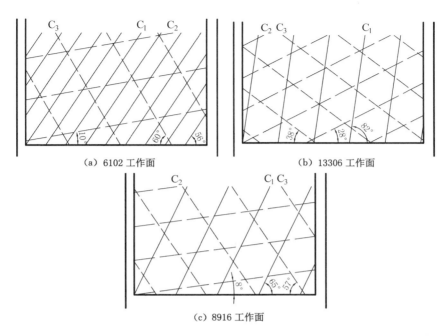

（a）6102 工作面　　　　（b）13306 工作面

（c）8916 工作面

图 1-10　工作面布置与裂隙分布关系

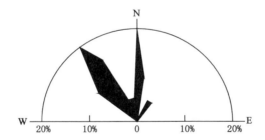

图 1-11　补连塔煤矿主采煤层节理裂隙发育特征

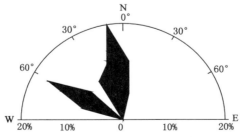

图 1-12　472 工作面节理裂隙发育特征

三种方位,裂隙方向与工作面的夹角为 45°。

于广明等[116]认为煤系地层富存节理(初始损伤)并均匀排列,垂直剖面上的密度为 1 条/8 m×8 m,节理迹长为 4 m,节理面内闭合无充填。纪有利等[117]为分析治理软煤层大采高工作面煤壁片帮,对某矿三盘区 3305 工作面的地质条件进行了调研;3305 工作面煤层节理总体较为发育,主要为两个方向,走向分别为 45°～60°、135°～150°;其中 45°～60°方向节理密度大。

屈平等[118]为了研究煤层中节理裂隙等不连续面对井壁稳定的影响,在利用三维离散元模拟过程中,将煤层的节理几何参数设置为:面割理均匀分布,为 20 条/m,倾角为 90°;端割理均匀分布,为 50 条/m。杨荣明等[119]现场实测了布尔台煤矿 4-2 煤层节理裂隙的发育特征,得到了煤层节理裂隙间距为 0.3～0.4 m。

谢和平[120]利用多种分维测量方法对大同矿务局忻州窑矿 8914 工作面巷道裂隙进行了定量监测,在中间 Ⅰ 巷 30～35 号点的两侧煤壁共测量裂隙 201 条,最大间距为 2.85 m,最小间距为 0.01 m;中间 Ⅱ 巷 33～35 号点之间共测量裂隙 91 条,最大间距为 2.50 m,最小间距为 0.06 m(表 1-4)。

表 1-4　节理裂隙间距(d)测量结果

项目/cm	$0<d$ $\leqslant 30$	$30<d$ $\leqslant 60$	$60<d$ $\leqslant 90$	$90<d$ $\leqslant 120$	$120<d$ $\leqslant 150$	$150<d$ $\leqslant 180$	$180<d$ $\leqslant 210$	$d>210$
中间 Ⅰ 巷节理数	62	43	32	25	15	11	8	5
中间 Ⅱ 巷节理数	25	19	14	11	8	6	5	3

1.2.7　综合评价

综上所述,国内外的许多专家、学者就煤壁片帮形态、失稳机理、影响因素与防治技术,支架工作阻力确定、承载特征、适应性、稳定性及其影响因素,大采高采场上覆岩层结构、顶板活动规律、矿压显现特征及与支架的相互作用关系,煤层内节理裂隙的模拟方法及分布特征实测等方面进行了研究,取得了丰硕的研究成果,提出了一些有益的观点,为笔者开展相关研究提供了丰富的思路,奠定了坚实的基础。但仍需系统研究节理裂隙对煤体的损伤效应及其对大采高煤壁稳定性的影响、顶板-支架-煤壁三者的相互作用机制以及针对性的控制技术等问题,实现大采高工作面煤壁与支架的动态稳定控制,确保大采高工作面安全高效开采。

2　基于节理裂隙损伤的大采高工作面采动应力分布规律

煤壁片帮与工作面超前支承压力存在密切的关系[14,38,121]。煤壁与超前支承压力峰值点之间的区域为极限平衡区[3]，所以极限平衡区内的支承压力分布对工作面煤壁片帮有至关重要的影响。极限平衡区内的支承压力主要与煤壁的支撑能力、采高等因素有关[3]，尤其在大采高工作面条件下，采高将对煤壁的支撑能力产生较大的影响，因而将影响大采高工作面极限平衡区内支承压力的分布和煤壁的稳定性。此外，煤壁的支撑能力也与煤体的强度存在密切的关系，而煤体的强度主要受煤层内的结构面及煤块强度的影响[122]，所以煤层内结构面产状也将会影响大采高工作面极限平衡区内支承压力的分布。本章将采用理论分析和数值计算的方法研究分析采高、煤层节理裂隙产状以及煤体力学参数对大采高工作面极限平衡区内支承压力分布和煤壁稳定性的影响规律。

2.1　节理裂隙对煤体损伤的影响

2.1.1　裂隙岩体的本构方程

岩体经过长期的地质作用，其内部存在大量的结构面。根据结构面的发育程度、规模大小以及组合形式，可将结构面分为 5 级[122]。在一般的工程问题分析中，多数情况下要反映到岩体本构关系中的是Ⅳ级和Ⅴ级结构面，可采用损伤力学和断裂力学的原理建立相应的本构方程[18,123]。

假定材料损伤对泊松比没有影响，则含一组有序节理的岩体（图 2-1）在压剪应力作用下的本构关系式为[123]：

$$\boldsymbol{\varepsilon} = \boldsymbol{A}^{\mathrm{T}} \boldsymbol{C} \boldsymbol{A} \boldsymbol{\sigma} \tag{2-1}$$

式中，$\boldsymbol{\varepsilon}$ 为应变张量，$\boldsymbol{A}$ 为坐标变换矩阵，$\boldsymbol{C}$ 为刚度矩阵，$\boldsymbol{\sigma}$ 为应力张量。

$$\boldsymbol{\varepsilon} = \begin{bmatrix} \varepsilon_x & \varepsilon_y & \gamma_{xy} \end{bmatrix}^{\mathrm{T}} \tag{2-2}$$

$$\boldsymbol{\sigma} = \begin{bmatrix} \sigma_x & \sigma_y & \tau_{xy} \end{bmatrix}^{\mathrm{T}} \tag{2-3}$$

$$A = \begin{bmatrix} \cos^2 \beta_c & \sin^2 \beta_c & \sin 2\beta_c \\ \sin^2 \beta_c & \cos^2 \beta_c & -\sin 2\beta_c \\ -\dfrac{1}{2}\sin 2\beta_c & \dfrac{1}{2}\sin 2\beta_c & \cos 2\beta_c \end{bmatrix} \qquad (2\text{-}4)$$

$$C = \begin{bmatrix} \dfrac{1}{E} & -\dfrac{\mu}{E} & 0 \\ -\dfrac{\mu}{E} & \dfrac{1}{E} + \dfrac{C_n}{K_n}\dfrac{a_j}{b_j d_j} & 0 \\ 0 & 0 & \dfrac{1}{G} + \dfrac{C_s}{K_s}\dfrac{a_j}{b_j d_j} \end{bmatrix} \qquad (2\text{-}5)$$

式中，β_c 为节理面与 X 正方向的夹角；E 为岩石材料的弹性模量；G 为剪切模量；μ 为泊松比；C_n 和 C_s 分别为节理面的传压系数和传剪系数；K_n 和 K_s 分别为节理面的法向刚度和剪切刚度；a_j、b_j、d_j 分别为节理面的半长、单元体的半长和单元体的半高。

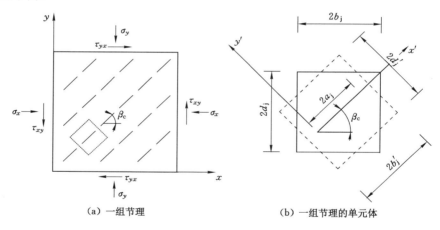

(a) 一组节理　　　　　　　　(b) 一组节理的单元体

图 2-1　二维条件下含一组节理面的岩体

对于岩体中含有 n 组节理，可采用叠加原理，得到其本构关系式[18]：

$$\boldsymbol{\varepsilon} = \left[\sum_{i=1}^{n} \boldsymbol{A}_i^{\mathrm{T}} \boldsymbol{C}_i \boldsymbol{A}_i - (n-1)\boldsymbol{C}_0 \right] \boldsymbol{\sigma} \qquad (2\text{-}6)$$

式中，n 为节理组数。

$$A_i = \begin{bmatrix} \cos^2 \beta_c^i & \sin^2 \beta_c^i & -\sin 2\beta_c^i \\ \sin^2 \beta_c^i & \cos^2 \beta_c^i & \sin 2\beta_c^i \\ \dfrac{1}{2}\sin 2\beta_c^i & -\dfrac{1}{2}\sin 2\beta_c^i & \cos 2\beta_c^i \end{bmatrix} \qquad (2\text{-}7)$$

$$\boldsymbol{C}_i = \begin{bmatrix} \dfrac{1}{E} & -\dfrac{\mu}{E} & 0 \\[2ex] -\dfrac{\mu}{E} & \dfrac{1}{E} + \dfrac{C_{\mathrm{n}}^{i}}{K_{\mathrm{n}}^{i}}\dfrac{a_{\mathrm{j}}^{i}}{b_{\mathrm{j}}^{i}d_{\mathrm{j}}^{i}} & 0 \\[2ex] 0 & 0 & \dfrac{1}{G} + \dfrac{C_{\mathrm{s}}^{i}}{K_{\mathrm{s}}^{i}}\dfrac{a_{\mathrm{j}}^{i}}{b_{\mathrm{j}}^{i}d_{\mathrm{j}}^{i}} \end{bmatrix} \qquad (2\text{-}8)$$

$$\boldsymbol{C}_0 = \begin{bmatrix} \dfrac{1}{E} & -\dfrac{\mu}{E} & 0 \\[2ex] -\dfrac{\mu}{E} & \dfrac{1}{E} & 0 \\[2ex] 0 & 0 & \dfrac{1}{G} \end{bmatrix} \qquad (2\text{-}9)$$

同理,可推导出多裂隙岩体在三维状态下的本构关系[18,123]。在三维条件下,将节理面理想化为一长度相当、形状相似的椭圆形,含一组节理面的单元体如图 2-2 所示。

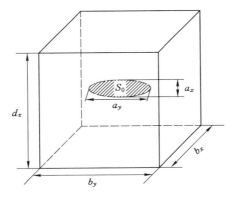

图 2-2　三维条件下含一组节理面的单元体

若图 2-2 中节理面与坐标轴存在夹角,可转换成无夹角的情况。新坐标与旧坐标的转换矩阵关系如表 2-1 所示。

表 2-1　坐标转换关系

旧坐标	方向余弦		
	新坐标		
	x	y	z
x'	l_1	m_1	n_1
y'	l_2	m_2	n_2
z'	l_3	m_3	n_3

由此有：

$$\boldsymbol{\sigma}' = \boldsymbol{A}\boldsymbol{\sigma}$$
$$\boldsymbol{\varepsilon}' = [\boldsymbol{A}^{\mathrm{T}}]^{-1}\boldsymbol{\varepsilon}$$

$$(2-10)$$

式中，

$$\boldsymbol{\sigma}' = [\sigma'_x \quad \sigma'_y \quad \sigma'_z \quad \tau'_{xy} \quad \tau'_{yz} \quad \tau'_{zx}]^{\mathrm{T}}$$
$$\boldsymbol{\sigma} = [\sigma_x \quad \sigma_y \quad \sigma_z \quad \tau_{xy} \quad \tau_{yz} \quad \tau_{zx}]^{\mathrm{T}}$$
$$\boldsymbol{\varepsilon}' = [\varepsilon'_x \quad \varepsilon'_y \quad \varepsilon'_z \quad \gamma'_{xy} \quad \gamma'_{yz} \quad \gamma'_{zx}]^{\mathrm{T}}$$
$$\boldsymbol{\varepsilon} = [\varepsilon_x \quad \varepsilon_y \quad \varepsilon_z \quad \gamma_{xy} \quad \gamma_{yz} \quad \gamma_{zx}]^{\mathrm{T}}$$

$$(2-11)$$

$\boldsymbol{A}$ 为坐标变换矩阵：

$$\boldsymbol{A} = \begin{bmatrix} (l_1)^2 & (m_1)^2 & (n_1)^2 & 2l_1m_1 & 2m_1n_1 & 2n_1l_1 \\ (l_2)^2 & (m_2)^2 & (n_2)^2 & 2l_2m_2 & 2m_2n_2 & 2n_2l_2 \\ (l_3)^2 & (m_3)^2 & (n_3)^2 & 2l_3m_3 & 2m_3n_3 & 2n_3l_3 \\ l_1l_2 & m_1m_2 & n_1n_2 & l_1m_2+l_2m_1 & m_1n_2+m_2n_1 & n_1l_2+n_2l_1 \\ l_2l_3 & m_2m_3 & n_2n_3 & l_2m_3+l_3m_2 & m_2n_3+m_3n_2 & n_2l_3+n_3l_2 \\ l_3l_1 & m_3m_1 & n_3n_1 & l_3m_1+l_1m_3 & m_3n_1+m_1n_3 & n_3l_1+n_1l_3 \end{bmatrix}$$

$$(2-12)$$

对于转换后的坐标系，其本构关系为：

$$\boldsymbol{\varepsilon}' = \boldsymbol{C}\boldsymbol{\sigma}'$$

$$(2-13)$$

即

$$\boldsymbol{\varepsilon} = \boldsymbol{A}^{\mathrm{T}}\boldsymbol{C}\boldsymbol{A}\boldsymbol{\sigma}$$

$$(2-14)$$

式中，$\boldsymbol{C}$ 为刚度矩阵。

$$\boldsymbol{C} = \begin{bmatrix} \dfrac{1}{E} & -\dfrac{\mu}{E} & -\dfrac{\mu}{E} & 0 & 0 & 0 \\[2ex] -\dfrac{\mu}{E} & \dfrac{1}{E} & -\dfrac{\mu}{E} & 0 & 0 & 0 \\[2ex] -\dfrac{\mu}{E} & -\dfrac{\mu}{E} & \dfrac{1}{E}+\dfrac{C_{\mathrm{n}}}{K_{\mathrm{n}}}\dfrac{2S_0}{b_xb_yd_z} & 0 & 0 & 0 \\[2ex] 0 & 0 & 0 & \dfrac{1}{G} & 0 & 0 \\[2ex] 0 & 0 & 0 & 0 & \dfrac{1}{G}+\dfrac{C_{\mathrm{s}}}{K_{\mathrm{s}}}\dfrac{2S_0}{b_xb_yd_z} & 0 \\[2ex] 0 & 0 & 0 & 0 & 0 & \dfrac{1}{G}+\dfrac{C_{\mathrm{s}}}{K_{\mathrm{s}}}\dfrac{2S_0}{b_xb_yd_z} \end{bmatrix}$$

$$(2-15)$$

式中，S_0 为椭圆形节理面的面积；b_x、b_y 和 d_z 分别为单元体的长、宽和高；其余参数的含义与上文相同。

若含有 n 组节理,采用叠加原理,三维条件下多裂隙岩体的本构方程为:

$$\boldsymbol{\varepsilon} = \left\{ \sum_{i=1}^{n} \boldsymbol{A}_i^{\mathrm{T}} \boldsymbol{C} \boldsymbol{A}_i - (n-1)\boldsymbol{C}_0 \right\}\boldsymbol{\sigma} \tag{2-16}$$

式中,

$$\boldsymbol{\sigma} = \begin{bmatrix} \sigma_x & \sigma_y & \sigma_z & \tau_{xy} & \tau_{yz} & \tau_{zx} \end{bmatrix}^{\mathrm{T}} \tag{2-17}$$
$$\boldsymbol{\varepsilon} = \begin{bmatrix} \varepsilon_x & \varepsilon_y & \varepsilon_z & \gamma_{xy} & \gamma_{yz} & \gamma_{zx} \end{bmatrix}^{\mathrm{T}}$$

$$\boldsymbol{A}_i = \begin{bmatrix} (l_1^i)^2 & (m_1^i)^2 & (n_1^i)^2 & 2l_1^i m_1^i & 2m_1^i n_1^i & 2n_1^i l_1^i \\ (l_2^i)^2 & (m_2^i)^2 & (n_2^i)^2 & 2l_2^i m_2^i & 2m_2^i n_2^i & 2n_2^i l_2^i \\ (l_3^i)^2 & (m_3^i)^2 & (n_3^i)^2 & 2l_3^i m_3^i & 2m_3^i n_3^i & 2n_3^i l_3^i \\ l_1^i l_2^i & m_1^i m_2^i & n_1^i n_2^i & l_1^i m_2^i + l_2^i m_1^i & m_1^i n_2^i + m_2^i n_1^i & n_1^i l_2^i + n_2^i l_1^i \\ l_2^i l_3^i & m_2^i m_3^i & n_2^i n_3^i & l_2^i m_3^i + l_3^i m_2^i & m_2^i n_3^i + m_3^i n_2^i & n_2^i l_3^i + n_3^i l_2^i \\ l_3^i l_1^i & m_3^i m_1^i & n_3^i n_1^i & l_3^i m_1^i + l_1^i m_3^i & m_3^i n_1^i + m_1^i n_3^i & n_3^i l_1^i + n_1^i l_3^i \end{bmatrix} \tag{2-18}$$

$$\boldsymbol{C}_i = \begin{bmatrix} \dfrac{1}{E} & -\dfrac{\mu}{E} & -\dfrac{\mu}{E} & 0 & 0 & 0 \\ -\dfrac{\mu}{E} & \dfrac{1}{E} & -\dfrac{\mu}{E} & 0 & 0 & 0 \\ -\dfrac{\mu}{E} & -\dfrac{\mu}{E} & \dfrac{1}{E}+\dfrac{C_{\mathrm{n}}^i}{K_{\mathrm{n}}^i}\dfrac{2S_0^i}{b_x^i b_y^i d_z^i} & 0 & 0 & 0 \\ 0 & 0 & 0 & \dfrac{1}{G} & 0 & 0 \\ 0 & 0 & 0 & 0 & \dfrac{1}{G}+\dfrac{C_{\mathrm{s}}^i}{K_{\mathrm{s}}^i}\dfrac{2S_0^i}{b_x^i b_y^i d_z^i} & 0 \\ 0 & 0 & 0 & 0 & 0 & \dfrac{1}{G}+\dfrac{C_{\mathrm{s}}^i}{K_{\mathrm{s}}^i}\dfrac{2S_0^i}{b_x^i b_y^i d_z^i} \end{bmatrix} \tag{2-19}$$

$$\boldsymbol{C}_0 = \begin{bmatrix} \dfrac{1}{E} & -\dfrac{\mu}{E} & -\dfrac{\mu}{E} & 0 & 0 & 0 \\ -\dfrac{\mu}{E} & \dfrac{1}{E} & -\dfrac{\mu}{E} & 0 & 0 & 0 \\ -\dfrac{\mu}{E} & -\dfrac{\mu}{E} & \dfrac{1}{E} & 0 & 0 & 0 \\ 0 & 0 & 0 & \dfrac{1}{G} & 0 & 0 \\ 0 & 0 & 0 & 0 & \dfrac{1}{G} & 0 \\ 0 & 0 & 0 & 0 & 0 & \dfrac{1}{G} \end{bmatrix} \tag{2-20}$$

传压系数和传剪系数[123]的近似值分别为：

$$C_n = \frac{\dfrac{1-\mu^2}{E}\pi a}{\dfrac{1-\mu^2}{E}\pi a + \dfrac{1}{K_n}}$$ (2-21)

$$C_s = \begin{cases} 1 & |\tau| \leqslant |\tau_m| \\ \dfrac{|\tau_m|}{\tau} - \dfrac{C_n f\sigma + C}{|\tau|} & |\tau| > |\tau_m| \end{cases}$$ (2-22)

式中，τ_m 为临界应力；C 为裂隙面的黏聚力；f 为裂隙面的摩擦系数。

由上述分析可知，含多节理裂隙岩体的力学特性主要受节理裂隙的倾角、方位角、组数、单元体尺寸（裂隙间距）、节理面的法向刚度、切向刚度、传压系数以及传剪系数等参数的影响。由式(2-21)可知节理裂隙的传压系数与裂隙的尺寸以及煤岩块的力学参数有关，而由式(2-22)可知，传剪系数不仅与裂隙的物理力学参数有关，还与其受力情况有关。故而在相同受力条件下，岩体内节理裂隙的倾角、方位角、组数以及单元体尺寸（裂隙间距）将对含节理裂隙岩体的力学特性产生影响。

此外，由式(2-1)、式(2-6)、式(2-14)和式(2-16)可知，该方法能够准确地表现出压剪应力作用下裂隙岩体的本构关系，但计算相对烦琐。而煤体作为一类特殊的岩体，由于受原岩应力和采动应力的影响，其内部一般存在一组或多组优势产状的节理裂隙，所以可将煤体简化成只含一组或多组规律分布的特殊岩体。由此可根据 Olsson[124]、Brady[125] 和 Gerrard[126] 建立的 Brady 模型，得到节理裂隙面倾角对节理裂隙岩石力学特性的影响规律，并进一步推广得到节理面方位角及间距对节理裂隙煤体力学特性的影响规律。

2.1.2 Brady 模型

图 2-3 为 Brady 节理煤体力学模型[125]。为简化分析，Brady 将整个节理煤体模型分为两部分，一部分为长度为 L_g 的贯通节理裂隙，其中只有中间长度为 l_g 的部分允许滑移；另一部分为节理裂隙上下两侧的煤岩块。

Brady 通过物理实验与数值模拟，得到了含单贯通节理裂隙煤体的等效弹性刚度：

$$\frac{1}{k} = \frac{H}{WB_b E} + \frac{\cos^2\alpha}{K_n L_g B_b} + \frac{\sin^2\alpha}{K_s L_g B_b}$$ (2-23)

式中，

$$L_g = \begin{cases} \dfrac{W}{\cos\alpha} & \alpha \leqslant \arctan\dfrac{H}{W} \\ \dfrac{H}{\sin\alpha} & \alpha > \arctan\dfrac{H}{W} \end{cases}$$ (2-24)

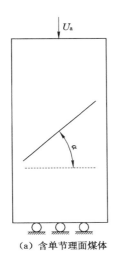
（a）含单节理面煤体

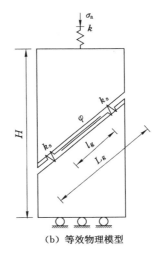
（b）等效物理模型

图 2-3　Brady 节理煤体力学模型

式中，k 为含单贯通节理裂隙煤体的等效弹性刚度；H 为模型的高度；W 和 B_b 分别为模型的宽度和长度；E 为完整煤岩块的弹性模量；α 为节理裂隙的倾角；K_n 和 K_s 分别为节理裂隙面的法向刚度和切向刚度。

　　根据损伤力学的原理，含贯通节理裂隙的煤体可认为是损伤体，引入损伤变量 D，则节理煤体的弹性模量 E_e 为[109]：

$$E_e = (1-D)E \tag{2-25}$$

　　在受压条件下，含贯通节理裂隙煤体的轴向刚度为[127]：

$$k = \frac{WB_b}{H}E_e \tag{2-26}$$

　　结合式（2-23）～式（2-26）可得到，含单贯通节理裂隙煤体的损伤变量 D 为：

$$D = \begin{cases} \dfrac{EK_n\sin^2\alpha\cos\alpha + EK_s\cos^3\alpha}{HK_nK_s + EK_n\sin^2\alpha\cos\alpha + EK_s\cos^3\alpha} & \alpha \leqslant \arctan\dfrac{H}{W} \\[4mm] \dfrac{EWK_n\sin^3\alpha + EWK_s\cos^2\alpha\sin\alpha}{H^2K_nK_s + EWK_n\sin^3\alpha + EWK_s\cos^2\alpha\sin\alpha} & \alpha > \arctan\dfrac{H}{W} \end{cases} \tag{2-27}$$

　　由此可知，含贯通节理裂隙煤体的等效弹性模量与煤岩块的弹性模量、节理裂隙的倾角、法向刚度和切向刚度以及含节理裂隙岩石的高度有关。由式（2-27）可得到当 $E=10$ GPa、$K_n=10$ GPa/m、$K_s=4$ GPa/m[128]、$H=2W=2m$[125] 时，含单贯通节理裂隙煤体的损伤变量随节理面倾角的变化规律（图 2-4）。

　　随节理面倾角的增大，含单贯通节理裂隙煤体的损伤变量呈现增大—减

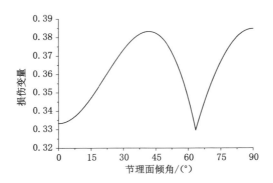

图 2-4　含单节理煤体损伤变量随节理面倾角的变化规律

小—增大的变化规律(图 2-4);损伤变量在 0.33～0.39 范围内变化,最大值与最小值的差值为 0.06。由此可知,尽管贯通节理面倾角的变化对节理煤体损伤产生了一定的影响,但影响程度相对较小。

在 Brady 模型中,受节理面方位角的影响,当节理面倾角 $\alpha \leqslant \arctan(H/W)$ 时,贯通节理面的长度 L_g 势必会发生改变,由几何关系可以得到此时 L_g 与 α 和 β 的关系式为:

$$L_g = \begin{cases} \dfrac{B_b}{\cos\alpha\cos\beta} & \beta \leqslant \arctan\dfrac{W}{B_b} \\ \dfrac{W}{\cos\alpha\sin\beta} & \beta > \arctan\dfrac{W}{B_b} \end{cases} \qquad (2\text{-}28)$$

而当节理面倾角 $\alpha > \arctan(H/W)$ 时,贯通节理面长度依然遵循式(2-24)中关系。由式(2-23)依然可以得到不同方位角条件下含单贯通节理裂隙的等效弹性刚度,只需根据不同的条件采用式(2-24)或式(2-28)代替式中的 L_g。可采用 3DEC 数值模拟的手段,验证上述分析的合理性。模拟结果(图 2-5)表明,在不同节理面倾角及方位角条件下,数值模拟得到的曲线与理论分析的曲线吻合度较高,这说明上述理论分析是合理的。

根据上述分析可以得到,在节理面不同方位角条件下,当节理面倾角 $\alpha > \arctan(H/W)$ 时,含单贯通节理裂隙煤体的损伤变量 D 不受节理面方位角的影响,只与节理面倾角有关,此时其表达式与式(2-27)中的相同;当 $\alpha \leqslant \arctan(H/W)$ 时,受方位角与倾角的影响,含单贯通节理裂隙煤体的损伤变量 D 为:

$$D = \begin{cases} \dfrac{EWK_n\sin^2\alpha\cos\alpha\cos\beta + EWK_s\cos^3\alpha\cos\beta}{B_b HK_n K_s + EWK_n\sin^2\alpha\cos\alpha\cos\beta + EWK_s\cos^3\alpha\cos\beta} & \beta \leqslant \arctan\dfrac{W}{B_b} \\ \dfrac{EK_n\sin^2\alpha\cos\alpha\sin\beta + EK_s\cos^3\alpha\sin\beta}{HK_n K_s + EK_n\sin^2\alpha\cos\alpha\sin\beta + EK_s\cos^3\alpha\sin\beta} & \beta > \arctan\dfrac{W}{B_b} \end{cases}$$

$$(2\text{-}29)$$

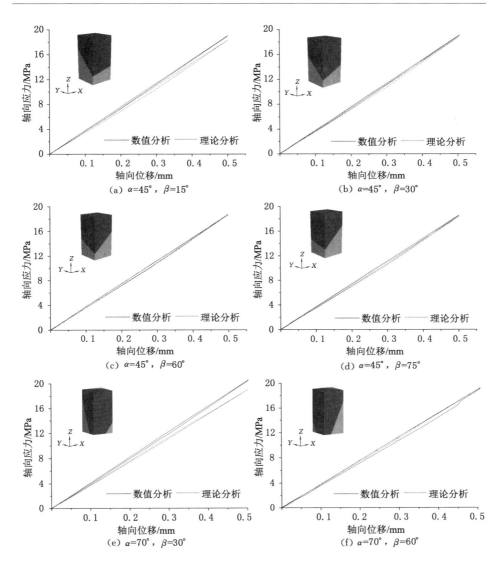

图 2-5 不同方位角条件下数值与理论分析结果对比

由式(2-29)可得到 $E=10$ GPa、$K_n=10$ GPa/m、$K_s=4$ GPa/m、$H=2B_b=2W=2$ m 时,在不同节理面倾角条件下,含贯通节理裂隙煤体的损伤变量随节理面方位角的变化规律(图 2-6)。

受贯通节理面方位角的影响,在不同的节理面倾角条件下,含单贯通节理裂隙煤体的损伤变量均呈现先减小后增大的变化规律,但变化范围略有不同;由于

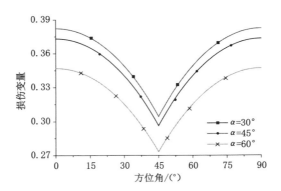

图 2-6　含贯通节理裂隙煤体损伤变量随节理面方位角的变化规律

当 $B=W$ 时，方位角 $\beta=45°$ 为式（2-29）的分界点，所以此时损伤变量均最小（图 2-6）。当节理面倾角为 30°时，损伤变量的变化范围约为 0.30～0.37，两者相差 0.07；当节理面倾角为 60°时，损伤变量的变化范围约为 0.30～0.38，两者相差 0.08；当节理面倾角为 45°时，损伤变量的变化范围约为 0.27～0.35，两者相差 0.08。由此可知，尽管贯通节理面方位角的变化对节理煤体产生了一定的影响，但影响程度相对较小。

　　除倾角（α）和方位角（β）外，间距（d）也是节理面的重要参数。根据叠加原理，可将 Brady 模型推广到含两条或多条平行贯通节理裂隙的复杂情形，进而得到贯通节理面间距对节理煤体损伤变量的影响规律。可认为含两条或多条平行贯通节理裂隙的复杂情形是由两个或多个简单的 Brady 力学模型以及一个或多个完整煤岩块模型组成。以含两条贯通节理裂隙的煤体模型为例，此时煤体模型可等效为两个简单的 Brady 节理煤体模型与一个完整煤岩块模型组成（图 2-7），分析此时含贯通节理裂隙煤体的损伤模量。

　　含两条贯通节理裂隙煤体的整体位移量（U_a）为：
$$U_a=U_b+U_c-U_0 \tag{2-30}$$
式中，U_b、U_c 和 U_0 分别为各构件单元的位移量。

　　所以含两条贯通节理裂隙煤体的等效弹性刚度为：
$$\frac{1}{k_2}=\frac{H}{WB_bE}+\frac{2\cos^2\alpha}{K_nL_gB_b}+\frac{2\sin^2\alpha}{K_sL_gB_b} \tag{2-31}$$
式中，各物理力学参数含义与式（2-23）以及式（2-24）中的一致。

　　以 $H=2W=2$ m，$\alpha=45°$ 为例，同样采用 3DEC 数值模拟软件得到的曲线与理论分析得到的曲线吻合度较高（图 2-8），这表明上述理论分析是合理的。

　　由于在 Brady 模型中，假定贯通节理裂隙面上的正应力为均匀分布且节理

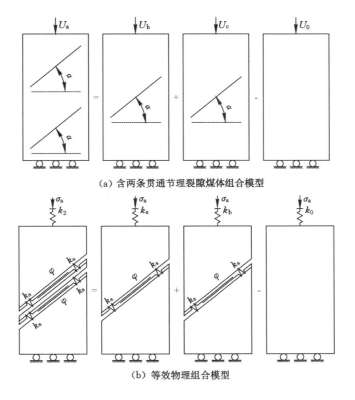

（a）含两条贯通节理裂隙煤体组合模型

（b）等效物理组合模型

图 2-7 含两条贯通节理裂隙的煤体力学模型

裂隙是弹性伸展的，而在数值模拟过程中节理存在应力集中，尤其是节理裂隙面的正应力集中，所以数值模拟曲线与理论分析并非完全重合（图 2-5 和图 2-8）。

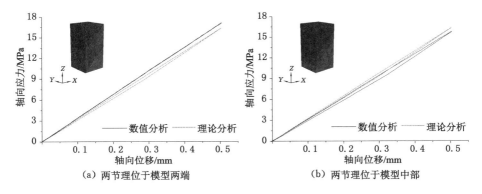

（a）两节理位于模型两端

（b）两节理位于模型中部

图 2-8 节理煤体含两条节理时数值与理论分析结果对比

根据上述分析可以得到,含两条贯通节理裂隙煤体的损伤变量 D_2 为:

$$D_2=\begin{cases}\dfrac{2EK_n\sin^2\alpha\cos\alpha+2EK_s\cos^3\alpha}{HK_nK_s+2EK_n\sin^2\alpha\cos\alpha+2EK_s\cos^3\alpha} & \alpha\leqslant\arctan\dfrac{H}{W}\\[4mm]\dfrac{2EWK_n\sin^3\alpha+2EWK_s\cos^2\alpha\sin\alpha}{H^2K_nK_s+2EWK_n\sin^3\alpha+2EWK_s\cos^2\alpha\sin\alpha} & \alpha>\arctan\dfrac{H}{W}\end{cases}\quad(2\text{-}32)$$

同理,可得到当煤体中含有 n 条(n 为大于 0 的整数)贯通节理时,损伤变量 D_n 为:

$$D_n=\begin{cases}\dfrac{nEK_n\sin^2\alpha\cos\alpha+nEK_s\cos^3\alpha}{HK_nK_s+nEK_n\sin^2\alpha\cos\alpha+nEK_s\cos^3\alpha} & \alpha\leqslant\arctan\dfrac{H}{W}\\[4mm]\dfrac{nEWK_n\sin^3\alpha+nEWK_s\cos^2\alpha\sin\alpha}{H^2K_nK_s+nEWK_n\sin^3\alpha+nEWK_s\cos^2\alpha\sin\alpha} & \alpha>\arctan\dfrac{H}{W}\end{cases}\quad(2\text{-}33)$$

由式(2-33)可得到 $E=10$ GPa、$K_n=10$ GPa/m、$K_s=4$ GPa/m、$H=2W=2$ m 时,在不同节理面倾角条件下,含贯通节理裂隙煤体的损伤变量随节理面数量的变化规律(表 2-2、图 2-9)。

表 2-2　节理面数量对含贯通节理煤体损伤变量的影响

贯通节理数量	损伤变量			
	节理面倾角			
	30°	45°	60°	75°
1	0.37	0.38	0.35	0.37
2	0.54	0.55	0.52	0.54
3	0.64	0.65	0.61	0.63
4	0.70	0.71	0.68	0.70
5	0.75	0.76	0.73	0.74
...	...	...	...	...
10	0.86	0.86	0.84	0.85
...	...	...	...	...
20	0.92	0.93	0.91	0.92
...	...	...	...	...
100	0.98	0.98	0.98	0.98

在不同节理面倾角条件下,损伤变量的变化曲线基本重合,说明此时损伤变量随贯通节理面数量的变化规律一致;随贯通节理面数量的增加,含贯通节理煤

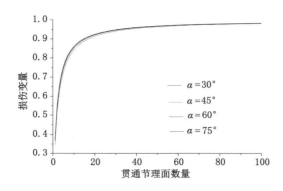

图 2-9 含贯通节理煤体损伤变量随节理面数量的变化规律

体的损伤变量也逐渐增大;当贯通节理面数量小于 20 时,损伤变量急剧增加;当贯通节理面数量大于 20 时,损伤变量变化趋于平缓(图 2-9)。

当节理煤体含 2 条贯通节理时,不同节理面倾角条件下的损伤变量均大于0.5;当节理煤体含 3 条贯通节理时,损伤变量均大于 0.6;当节理煤体含 5 条贯通节理时,损伤变量均大于 0.7;当节理煤体含 10 条贯通节理时,损伤变量均大于 0.8;当节理煤体含 20 条贯通节理时,损伤变量均大于 0.9;当贯通节理面数量趋近无穷大时,损伤变量均趋向于 1,节理煤体趋于完全损伤(表 2-2)。这表明贯通节理面的数量对节理煤体的损伤具有决定性作用。在节理煤体尺寸一定的条件下,贯通节理面的间距(d)与贯通节理面的数量成反比,所以贯通节理面的间距越小,节理裂隙煤体的损伤变量越大。

综上所述,含贯通节理的煤体损伤变量 D 与贯通节理面倾角 α、节理面方位角 β、节理面间距 d(节理面数量 n)的关系为:

$$D=\begin{cases} \dfrac{nEWK_n\sin^2\alpha\cos\alpha\cos\beta+nEWK_s\cos^3\alpha\cos\beta}{B_bHK_nK_s+nEWK_n\sin^2\alpha\cos\alpha\cos\beta+nEWK_s\cos^3\alpha\cos\beta} & \beta\leqslant\arctan\dfrac{W}{B_b},\alpha\leqslant\arctan\dfrac{H}{W} \\[3mm] \dfrac{nEK_n\sin^2\alpha\cos\alpha\sin\beta+nEK_s\cos^3\alpha\sin\beta}{HK_nK_s+nEK_n\sin^2\alpha\cos\alpha\sin\beta+nEK_s\cos^3\alpha\sin\beta} & \beta>\arctan\dfrac{W}{B_b},\alpha\leqslant\arctan\dfrac{H}{W} \\[3mm] \dfrac{nEWK_n\sin^3\alpha+nEWK_s\cos^2\alpha\sin\alpha}{H^2K_nK_s+nEWK_n\sin^3\alpha+nEWK_s\cos^2\alpha\sin\alpha} & \alpha>\arctan\dfrac{H}{W} \end{cases}$$

$$(2\text{-}34)$$

当 $H=6$ m、$W=B_b=1$ m 时,采用 3DEC 数值模拟软件得到的数值分析曲线与理论分析式(2-34)得到的曲线仍基本一致(图 2-10),这表明可采用式(2-34)分析节理面产状对大采高工作面煤壁支撑能力的影响规律。

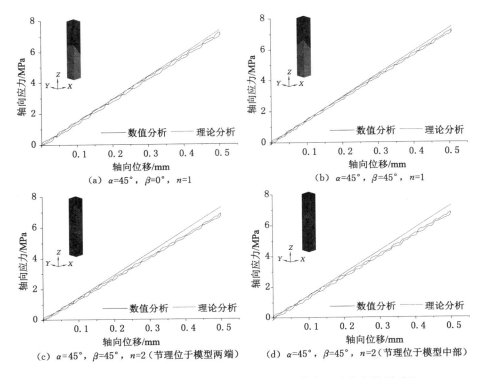

图 2-10 节理煤体 $H=6$ m 时不同条件下数值与理论分析结果对比

2.2 大采高工作面支承压力的分布规律

根据前人研究可知[3]，工作面前方极限平衡区内的至煤壁距离为 x 处的支承压力 σ_y 为：

$$\sigma_y = N_0 e^{\frac{2fx}{M}\left(\frac{1+\sin\varphi}{1-\sin\varphi}\right)} \qquad (2\text{-}35)$$

式中，N_0 为煤壁的支撑能力；f 为层面间的摩擦因数；φ 为煤体的内摩擦角；M 为工作面采高。

由式(2-35)可知，当 $x=0$ 时的支承压力即为煤壁的支撑能力，极限平衡区内的支承压力受煤帮支撑能力、采高、层面间的摩擦因数、煤体的内摩擦角等因素的影响。

可根据煤壁压杆稳定理论[32,38]，求解其临界压力(支撑能力)。

$$\sigma_0 = \frac{\pi^2 E_{em} I}{4M^2 S} \qquad (2\text{-}36)$$

$$E_{em} = (1-D)E_m \qquad (2\text{-}37)$$

式中, E_{em} 为受损煤体的弹性模量; E_m 为无损煤体的弹性模量; D 为损伤变量[129]; I 为截面的中性轴惯性矩, 对于圆形截面, $I = \pi d_c^4/64$, d_c 为截面直径; S 为压杆截面的面积, $S = \pi d_c^2/4$。由式(2-36)可知, 煤壁的支撑能力 N_0 不仅与采高有关, 还与煤体的弹性模量有关。

当煤壁压杆的横截面的直径为单位长度时, 取受损煤体的弹性模量为 0.5 GPa, 可以得到煤壁的支撑能力与采高呈类双曲线关系[图 2-11(a)]; 取采高为 6 m, 可以得到煤壁的支撑能力与受损煤体的弹性模量呈线性关系[图 2-11(b)]; 数值模拟结果也证明了煤壁的支撑能力与采高及煤体弹性模量的关系(图 2-12)。

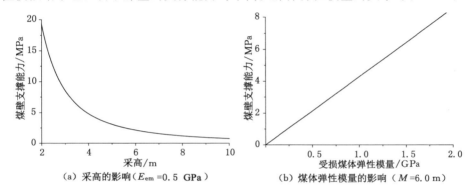

(a) 采高的影响($E_{em} = 0.5$ GPa)   (b) 煤体弹性模量的影响($M = 6.0$ m)

图 2-11 煤壁支撑能力的影响因素分析

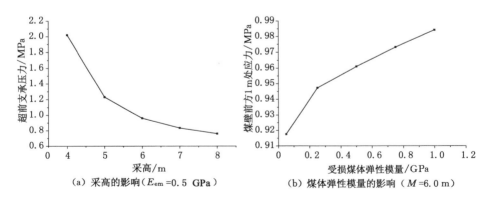

(a) 采高的影响($E_{em} = 0.5$ GPa)   (b) 煤体弹性模量的影响($M = 6.0$ m)

图 2-12 煤壁处竖直应力的变化规律

结合式(2-35)和(2-36)可得到基于煤壁压杆稳定的大采高工作面极限平衡区内至煤壁距离为 x 处的支承压力 σ_y 为:

$$\sigma_y = \frac{\pi^2 E_{em} I}{4M^2 S} e^{\frac{2fx}{M}} \left(\frac{1+\sin\varphi}{1-\sin\varphi} \right) \tag{3-38}$$

由此可知,大采高工作面极限平衡区内相同位置处的支承压力主要受工作面采高、煤体力学参数等影响。

2.2.1 采高的影响

根据上述分析,工作面采高对煤壁的支撑能力有较大影响。由式(2-35)可以得到当采高由 M_1 增加到 M_2 时,在煤体力学参数相同时煤壁支撑能力 σ_0 的比值:

$$\frac{\sigma_{02}}{\sigma_{01}} = \frac{M_1^2}{M_2^2} \tag{2-39}$$

式(2-39)表明了工作面采高对煤壁支撑能力的影响,定义弱化系数 η_m 为:

$$\eta_m = 1 - \frac{\sigma_{02}}{\sigma_{01}} = 1 - \frac{M_1^2}{M_2^2} \tag{2-40}$$

因此,弱化系数 η_m 表明了采高的对大采高工作面煤壁支撑能力的弱化效应,弱化系数越大,采高对煤壁支撑能力的弱化效应越强;反之亦然。在大采高工作面条件下,若取采高 $M_1 = 3.5$ m 的煤壁支撑能力为标准,则可根据式(2-40)得到 η_m 随采高 M 的变化规律(图 2-13)。

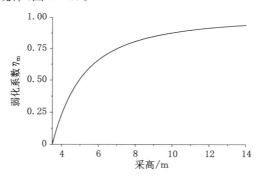

图 2-13　弱化系数与采高的关系

当工作面采高为 7 m 时,采高的弱化系数为 0.75;当工作面采高小于 7 m 时,弱化系数小于 0.75,其平均变化速率相对较大,表明弱化系数受采高增加的影响较显著;当工作面采高大于 7 m 时,弱化系数均大于 0.75 且小于 1,其平均变化速率相对较小,表明弱化系数受采高增加的影响不明显;所以可将 7 m 作为大采高工作面采高影响煤壁支撑能力的临界高度。当工作面采高小于 7 m 时,煤壁的支撑能力对采高的变化较敏感;当工作面采高大于 7 m 时,煤壁的支撑能力对采高的变化不敏感。

取 $E_{em}=0.5$ GPa、$f=0.6$、$\varphi=30°$、d 为单位长度,根据式(2-38)可得到不同采高条件下极限平衡区内的工作面超前支承压力分布规律[图 2-14(a)]。理论分析表明,在不同采高条件下,极限平衡区内至工作面相同距离处的支承压力随采高的增大而减小;支承压力随着工作面距离的增加趋于无限大,由于大采高工作面极限平衡区的尺寸是有限的,这显然不符合实际的情况,所以可认为不同采高条件下工作面超前支承压力峰值相差不大,且随采高的增大,极限平衡区的范围逐渐增大。

数值模拟结果[图 2-14(b)]表明,在极限平衡区域内,至煤壁相同位置处的支承压力随采高的增大而减小。随着采高从 4 m 逐渐增大到 8 m,工作面超前支承压力峰值分别为 13 MPa、12.7 MPa、12.6 MPa、12.5 MPa 和 12.4 MPa,相应的峰值点至工作面的距离分别为 7 m、9 m、9 m、11 m、13 m。由此可知,不同采高条件下工作面超前支承压力峰值随采高的增大而减小,但差别不大;超前支承压力峰值点至工作面的距离随采高的增加而逐渐增大,即极限平衡区的尺寸随采高的增大而增大;在极限平衡区内,采高越小超前支承压力越大。这与理论分析结果相吻合。此外,在工作面超前支承压力峰值前方的弹性区内,至工作面相同距离处的支承压力随采高的增大而增大。

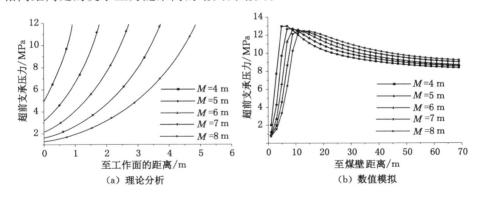

图 2-14 极限平衡区内支承压力分布规律

上述分析表明,在大采高工作面条件下,采高对工作面前方极限平衡区内的支承压力分布影响较大。随着采高的增大,采高对大采高工作面煤壁支撑能力的弱化系数逐渐增大,弱化效应逐渐增强。大采高工作面超前支承压力峰值随采高的增大而减小,超前支承压力峰值至工作面的距离随采高的增加而逐渐增大,工作面前方极限平衡区的范围也逐渐增大。在极限平衡区内,至工作面相同距离处的支承压力随采高的增大而减小;而在弹性区内,至工作面相同距离处的支承压力随采高的增大而增大。

2.2.2 节理面产状的影响

根据上述分析可知,煤壁支撑能力对大采高工作面极限平衡区内支承压力的影响较大,而煤壁的支撑能力主要受煤层内的结构面及煤岩块强度的影响,所以可根据节理裂隙对煤体的损伤的影响规律,得到节理面产状对极限平衡区内支承压力的影响规律。

2.2.2.1 节理面倾角

当工作面采高相同时,在极限平衡区内至煤壁相同距离处的支承压力与煤壁支撑能力呈正比关系[式(2-38)],而煤壁支撑能力与受损煤体的弹性模量呈线性关系[式(2-36)],受损煤体的弹性模量与煤体的损伤变量有直接关系[式(2-37)]。

结合式(2-38)及式(2-27),并使 $H=M$ 可得到大采高工作面极限平衡区内至煤壁距离为 x 处的支承压力 σ_y 与贯通节理面倾角的关系式为:

$$\sigma_y = \begin{cases} \dfrac{\pi^2 E_m I K_n K_s}{4MS(MK_n K_s + EK_n \sin^2\alpha\cos\alpha + EK_s\cos^3\alpha)} \mathrm{e}^{\frac{2fx}{M}\left(\frac{1+\sin\varphi}{1-\sin\varphi}\right)} & \alpha \leqslant \arctan\dfrac{M}{W} \\[4mm] \dfrac{\pi^2 E_m I K_n K_s}{4S(M^2 K_n K_s + EWK_n \sin^3\alpha + EWK_s\cos^2\alpha\sin\alpha)} \mathrm{e}^{\frac{2fx}{M}\left(\frac{1+\sin\varphi}{1-\sin\varphi}\right)} & \alpha > \arctan\dfrac{M}{W} \end{cases}$$

$$(2\text{-}41)$$

由式(2-41)可得到当工作面采高 $M=6$ m、$W=B_b=1$ m、$E_m=10$ GPa、$K_n=10$ GPa/m、$K_s=4$ GPa/m 时,大采高工作面极限平衡区内 $x=0.5$ m 处支承压力随节理面倾角的变化规律(图 2-15)。

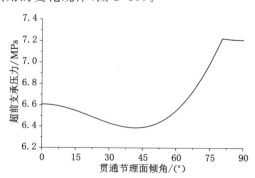

图 2-15 大采高工作面极限平衡区内支承压力随贯通节理面倾角的变化规律

受煤层中贯通节理面倾角的影响,随节理面倾角的增大,大采高工作面极限平衡区内支承压力呈现减小—增大—减小的变化规律(图 2-15),这与贯通节理面倾角对节理煤体损伤量的影响规律成相反的变化趋势;支承压力在约为 6.39～7.45 MPa 范围内变化,最大值与最小值的差值为 1.06 MPa,两者相差约为 16%。由此可知,煤层中贯通节理面倾角的变化对大采高工作面极限平衡区内支承压力产生了一定程度的影响。

为验证上述分析的合理性,采用 3DEC 数值模软件,模拟分析在开采过程中,煤层中贯通节理面倾角对大采高工作面极限平衡区内支承压力的影响规律。

在前人研究的基础上[17,111-112,120],为保证数值模拟计算的合理性和可操作性,确定在硬煤及采高为 6 m 的条件下设置 1 组煤层节理面,建立 3 个数值计算模型(表 2-3、图 2-16)。

表 2-3　硬煤贯通节理裂隙面不同倾角时产状

编号	煤体性质	节理面性质	节理面参数		
			倾角 α/(°)	方位角 β/(°)	间距 d/m
1			45		
2	硬煤	主节理面	90	0	5
3			135		

注:文中节理面的倾角 α 是指在 3DEC 软件中节理面倾向与 Y 轴正方向(推进方向)的夹角,方位角 β 是指节理面走向与 X 轴正方向(面长方向)的夹角。

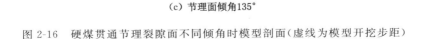

(a) 节理面倾角 45°

(b) 节理面倾角 90°

(c) 节理面倾角 135°

图 2-16　硬煤贯通节理裂隙面不同倾角时模型剖面(虚线为模型开挖步距)

模拟结果(图 2-17)表明,受煤层中贯通节理面倾角的影响,在大采高工作面极限平衡区内相同位置处的超前支承压力不尽相同;在节理面倾角为 45°和 135°的条件下,极限平衡区内相同位置处的支承压力基本相同,但均小于节理面倾角为 90°的条件。由此可知,数值模拟结果与理论分析的结果相吻合,表明上述理论分析是合理的。

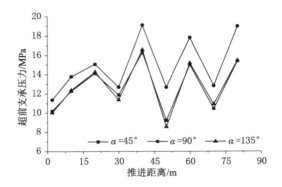

图 2-17　不同节理面倾角条件下极限平衡区内支承压力的变化规律

随工作面推进,受顶板周期来压的影响,在不同贯通节理面倾角的条件下,大采高工作面极限平衡区内的支承压力均呈现相同的周期性波动的变化规律。这表明煤层中贯通节理面的倾角仅对极限平衡区内的支承压力产生了影响,对大采高工作面超前支承压力随工作面推进的时空变化规律没有影响。

2.2.2.2　节理面方位角

根据上述分析,当 $\alpha > \arctan(H/W)$ 时,煤层中贯通节理面方位角对煤体的损伤没有影响;当 $\alpha \leqslant \arctan(H/W)$ 时,结合式(2-38)及式(2-29),并使 $H = M$ 可得到大采高工作面极限平衡区内至煤壁距离为 x 处的支承压力 σ_y 与贯通节理面方位角的关系式为:

$$\sigma_y = \begin{cases} \dfrac{\pi^2 E_m I B_b K_n K_s}{4MS(B_b M K_n K_s + EWK_n \sin^2\alpha\cos\alpha\cos\beta + EWK_s\cos^3\alpha\cos\beta)} e^{\frac{2fx}{M}\left(\frac{1+\sin\varphi}{1-\sin\varphi}\right)} & \beta \leqslant \arctan\dfrac{W}{B_b} \\[4mm] \dfrac{\pi^2 E_m I K_n K_s}{4MS(MK_n K_s + EK_n \sin^2\alpha\cos\alpha\sin\beta + EK_s\cos^3\alpha\sin\beta)} e^{\frac{2fx}{M}\left(\frac{1+\sin\varphi}{1-\sin\varphi}\right)} & \beta > \arctan\dfrac{W}{B_b} \end{cases}$$

$$(2\text{-}42)$$

由式(2-42)可得到当工作面采高 $M = 6$ m、$W = B_b = 1$ m、$E_m = 10$ GPa、$K_n = 10$ GPa/m、$K_s = 4$ GPa/m 时,大采高工作面极限平衡区内 $x = 0.5$ m 处支承压力随节理面倾角的变化规律(图 2-18)。

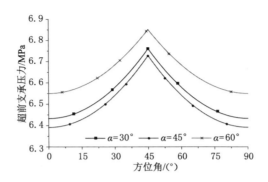

图 2-18 大采高工作面极限平衡区内支承压力随贯通节理面方位角的变化规律

受煤层中贯通节理面方位角的影响,在不同节理面倾角的条件下,随节理面方位角的增大,大采高工作面极限平衡区内支承压力呈现先增大后减小的趋势,且当方位角 $\beta=45°$ 时,支承压力均最大(图 2-18)。当节理面倾角为 30° 时,支承压力的变化范围约为 6.43~6.76 MPa,两者相差 4.85%;当节理面倾角为 45°时,支承压力的变化范围约为 6.39~6.73 MPa,两者相差 5.01%;当节理面倾角为 60°时,支承压力的变化范围约为 6.55~6.85 MPa,两者相差 4.41%。由此可知,煤层中贯通过节理面方位角对极限平衡区内支承压力产生了一定的影响,但影响程度相对较小。

为验证上述分析的合理性,在硬煤及采高为 6 m 的类条件下,设置 1 组煤层节理面,建立 2 个数值计算模型(表 2-4、图 2-19),采用 3DEC 数值模拟软件,模拟分析在开采过程中,煤层中贯通节理面方位角对大采高工作面极限平衡区内支承压力的影响规律。

表 2-4 硬煤贯通节理面不同方位角时产状

编号	节理面性质	节理面参数		
		倾角 $\alpha/(°)$	方位角 $\beta/(°)$	间距 d/m
1	主节理面	45	45	5
2			135	

模拟结果(图 2-20)表明,受煤层中贯通节理面方位角的影响,在大采高工作面极限平衡区内相同位置处的超前支承压力不尽相同;在节理面方位角为45°和135°的条件下,极限平衡区内相同位置处的支承压力基本相同,但均大于节理面方位角为 0°的条件。由此可知,数值模拟结果与理论分析的结果相吻合,表明上述理论分析是合理的。

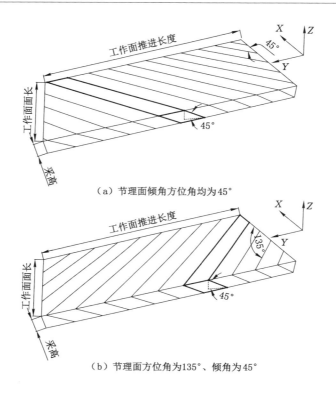

（a）节理面倾角方位角均为45°

（b）节理面方位角为135°、倾角为45°

图 2-19　硬煤贯通节理裂隙面不同方位角时模型

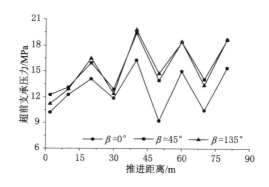

图 2-20　不同节理面方位角条件下极限平衡区内支承压力的变化规律

随工作面的推进，受顶板周期来压的影响，在不同贯通节理面方位角的条件下，大采高工作面极限平衡区内的支承压力均呈现相同的周期性波动的变化规律。这表明煤层中贯通节理面的方位角仅对极限平衡区内的支承压力产生了影响,对大采高工作面超前支承压力随工作面推进的时空变化规律没有影响。

2.2.2.3 节理面间距

根据上述分析,在一定范围内,煤层中贯通节理面间距与节理面数量成反比,所以可通过分析节理面数量对大采高工作面极限平衡区内支承压力的影响规律,得到节理面间距的影响规律。

结合式(2-38)及式(2-33),并使 $H=M$ 可得到大采高工作面极限平衡区内至煤壁距离为 x 处的支承压力 σ_y 与贯通节理面数量的关系式为:

$$\sigma_y = \begin{cases} \dfrac{\pi^2 E_m I K_n K_s}{4MS(MK_n K_s + nEK_n \sin^2\alpha \cos\alpha + nEK_s \cos^3\alpha)} e^{\frac{2fx}{M}\left(\frac{1+\sin\varphi}{1-\sin\varphi}\right)} & \alpha \leqslant \arctan\dfrac{M}{W} \\[4mm] \dfrac{K_n K_s}{4S(M^2 K_n K_s + nEWK_n \sin^3\alpha + nEWK_s \cos^2\alpha \sin\alpha)} e^{\frac{2fx}{M}\left(\frac{1+\sin\varphi}{1-\sin\varphi}\right)} & \alpha > \arctan\dfrac{M}{W} \end{cases}$$

$$(2\text{-}43)$$

由式(2-43)可得到当工作面采高 $M=6$ m、$W=B=1$ m、$E_m=10$ GPa、$K_n=10$ GPa/m、$K_s=4$ GPa/m 时,大采高工作面极限平衡区内 $x=0.5$ m 处支承压力随节理面倾角的变化规律(图 2-21)。

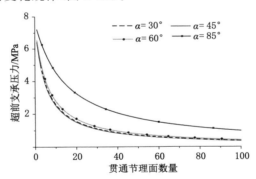

图 2-21 大采高工作面极限平衡区内支承压力随贯通节理面数量的变化规律

受煤层中贯通节理面数量的影响,在不同节理面倾角的条件下,随节理面数量的增加,大采高工作面极限平衡区内支承压力均逐渐减小;当贯通节理面数量小于 20 时,极限平衡区内的超前支承压力急剧减小;当贯通节理面数量大于 20 时,超前支承压力的减小趋于平缓。以节理面倾角 $\alpha=45°$ 为例,当煤层内不存在贯通节理面时,极限平衡区内 $x=0.5$ m 处的支承压力约为 7.71 MPa;当煤层内存在 20 条贯通节理面时,$x=0.5$ m 处的支承压力约为 1.50 MPa;这表明煤层中节理面的数量对大采高工作面极限平衡区内的支承压力影响较大。由此可知,煤层内节理面间距对极限平衡区内支承压力的影响程度较大,且随节理面间距的减小,极限平衡区内至工作面相同位置处的支承压力逐渐减小。

为验证上述分析的合理性,在中硬煤及采高为 6 m 的条件下设置 2 组煤层节理面,建立 4 个数值计算模型(表 2-5、图 2-22),采用 3DEC 数值模拟软件,模拟分析在开采过程中,煤层中贯通节理面间距对大采高工作面极限平衡区内支承压力的影响规律。

表 2-5　中硬煤贯通节理裂隙面不同间距时产状

编号	节理面性质	节理面参数		
		倾角 $\alpha/(\degree)$	方位角 $\beta/(\degree)$	间距 d/m
1	主节理面	90		2.00
	次节理面	45		
2	主节理面	90		2.00
	次节理面	45		1.41
3	主节理面	90	0	2.00
	次节理面	135		
4	主节理面	90		2.00
	次节理面	135		1.41

模拟结果(图 2-23)表明,在煤层中贯通节理面不同倾角的条件下,受煤层中贯通节理面间距的影响,大采高工作面极限平衡区内相同位置处的超前支承压力均有差别;当节理面间距为 5 m 时,极限平衡区内相同位置处的支承压力最大;当节理面间距为 1.41 m 时,极限平衡区内相同位置处的支承压力最小。由此可知,数值模拟结果与理论分析的结果相吻合,表明上述理论分析是合理的。

随工作面的推进,受顶板周期来压的影响,在不同贯通节理面间距的条件下,大采高工作面极限平衡区内的支承压力均呈现相同的周期性波动的变化规律。这表明煤层中贯通节理面的间距仅对极限平衡区内的支承压力产生影响,对大采高工作面超前支承压力随工作面推进的时空变化规律没有影响。

煤层内贯通节理面产状对大采高工作面极限平衡区内支承压力的影响规律为:随节理面倾角的增大,极限平衡区内相同位置处的支承压力呈现减小—增大—减小的变化趋势;在一定条件下,随节理面方位角的增大,极限平衡区内相同位置处的支承压力呈现先增大后减小的变化趋势;随节理面间距的增大,节理面数量逐渐减少,极限平衡区内相同位置处的支承压力随之增大;但节理面倾角与方位角对极限平衡区内支承压力的影响程度相对较小。此外,煤层内贯通节

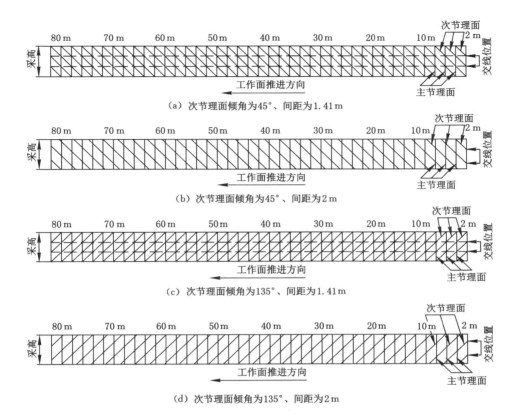

（a）次节理面倾角为45°、间距为1.41 m

（b）次节理面倾角为45°、间距为2 m

（c）次节理面倾角为135°、间距为1.41 m

（d）次节理面倾角为135°、间距为2 m

图 2-22　中硬煤贯通节理裂隙面不同间距时模型剖面

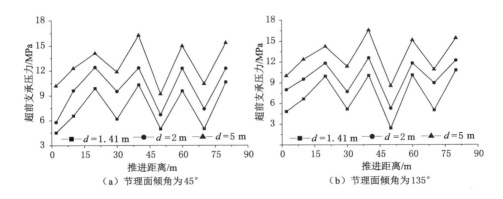

（a）节理面倾角为45°　　　　　　　（b）节理面倾角为135°

图 2-23　不同节理面间距条件下极限平衡区内支承压力的变化规律

理面的产状仅对极限平衡区内的支承压力产生影响,对大采高工作面超前支承压力随工作面推进的时空变化规律没有影响。

综上所述,煤层内贯通节理面产状与大采高工作面极限平衡区内支承压力的关系为:

$$\sigma_y = \begin{cases} \dfrac{\pi^2 E_m IBK_n K_s}{4MS(BMK_n K_s + nEWK_n \sin^2\alpha \cos\alpha \cos\beta + nEWK_s \cos^3\alpha \cos\beta)} e^{\frac{2fx}{M}\left(\frac{1+\sin\varphi}{1-\sin\varphi}\right)} & \beta \leqslant \arctan\dfrac{W}{B}, \alpha \leqslant \arctan\dfrac{M}{W} \\[4mm] \dfrac{\pi^2 E_m IK_n K_s}{4MS(MK_n K_s + nEK_s \sin^2\alpha \cos\alpha \sin\beta + nEK_s \cos^3\alpha \sin\beta)} e^{\frac{2fx}{M}\left(\frac{1+\sin\varphi}{1-\sin\varphi}\right)} & \beta > \arctan\dfrac{W}{B}, \alpha \leqslant \arctan\dfrac{M}{W} \\[4mm] \dfrac{\pi^2 E_m IK_n K_s}{4S(M^2 K_n K_s + nEWK_n \sin^3\alpha + nEWK_s \cos^2\alpha \sin\alpha)} e^{\frac{2fx}{M}\left(\frac{1+\sin\varphi}{1-\sin\varphi}\right)} & \alpha > \arctan\dfrac{M}{W} \end{cases}$$

$$(2-44)$$

2.2.3 松软煤体大采高工作面支承压力分布规律

在软煤条件下,由于煤体强度较小,在长期的地质作用下,煤层内的节理裂隙面密度较大而且优势产状不明显,定义此类煤体为松软煤体。为分析在该类条件下大采高工作面极限平衡区内支承压力的分布规律,在分析过程中不直接分析煤层内部节理裂隙面的影响,而是将节理裂隙融入煤体的力学参数考虑,分析不同煤体力学参数对极限平衡区支承压力的影响规律。

岩体力学性质与岩体中的结构面、结构体(煤岩块)及其赋存环境密切相关[122],所以可将煤层内的节理裂隙面融入煤体的力学参数。为方便起见,本书采用准岩体强度法[122] [式(2-45)]修正煤岩块的力学参数,作为煤体强度的估算值,并在数值模型中将煤岩体强度的估算值作为数值模型中煤岩块的参数。其中 σ_{mc} 和 σ_{mt} 分别为准煤岩体抗压强度和抗拉强度,σ_c 和 σ_t 分别为煤岩块试件的抗压强度和抗拉强度,K_w 为煤岩体完整性系数(表2-6)。

$$\begin{cases} \sigma_{mc} = K_w \sigma_c \\ \sigma_{mt} = K_w \sigma_t \end{cases} \qquad (2-45)$$

表 2-6 岩体完整性系数取值

岩体种类	K_w
完整	>0.75
块状	0.45~0.75
破碎状	<0.45

根据上述分析,在软煤条件下取岩体的完整性系数为0.01。岩石的力学参数主要包括抗压强度、抗剪强度、抗拉强度、黏聚力、变形模量和泊松比等,其中

弹性模量和泊松比是常用的变形指标,而黏聚力则是表达岩石剪断条件的基本参数。在数值模型中,弹性模量 E 和泊松比 μ 多转化为体积模量 K 和剪切模量 G[式(2-46)]。

$$\begin{cases} K = \dfrac{E}{3(1-2\mu)} \\[2mm] G = \dfrac{E}{2(1+\mu)} \end{cases} \qquad (2\text{-}46)$$

为了得到松软煤体大采高工作面极限平衡区内支承压力的分布规律,在地质及生产技术相同的条件下,只改变煤体的黏聚力、体积模量和剪切模量(表 2-7),研究分析相应的力学参数对极限平衡区内支承压力的影响规律。

表 2-7　数值模型中煤体的主要力学参数

编号	体积模量 K/GPa	剪切模量 G/GPa	弹性模量 E/GPa	黏聚力 C/MPa
1				0.03
2	0.063	0.029	0.076	0.02
3				0.01
4	0.075	0.035	0.090	0.02
5	0.050	0.023	0.060	

模拟结果(图 2-24)表明,在不同的推进距离条件下,大采高工作面极限平衡区内相同位置处的超前支承压力均随煤体弹性模量及黏聚力的增大而增大。煤体弹性模量的影响规律与式(2-38)理论分析结果一致,而煤体黏聚力的影响规律是由于在数值模型计算过程中采用莫尔-库仑本构模型,其强度准则[式(2-47)][110]决定了在相同的应力条件下,当煤体黏聚力增大时,在大采高工作面极限平衡区内相同位置处的超前支承压力也相应增大。

$$f^s = \sigma_1 - \sigma_3 N_\varphi + 2C\sqrt{N_\varphi} = 0$$
$$N_\varphi = \frac{1+\sin\varphi}{1-\sin\varphi} \qquad (2\text{-}47)$$

式中,σ_3、σ_1 分别最大及最小主应力;C、φ 分别为黏聚力和内摩擦角。

此外,受顶板周期来压的影响,在煤体力学参数不同的条件下,大采高工作面极限平衡区内的支承压力随推进距离的变化均呈现周期性波动的变化规律。这表明煤体力学参数仅对极限平衡区内的支承压力产生影响,对大采高工作面超前支承压力随工作面推进的时空变化规律没有影响。

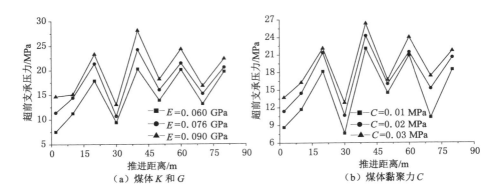

图 2-24　不同煤层力学参数条件下极限平衡区内支承压力的变化规律

3 大采高工作面节理裂隙对煤壁稳定性的影响

煤壁的稳定性主要受煤体强度及工作面超前支承压力的影响,而煤体的强度和工作面极限平衡区内支承压力均与煤体内节理裂隙等结构面有关,所以煤体内的节理裂隙成为影响煤壁稳定性的关键因素。为了研究煤层中节理裂隙对工作面煤壁稳定性的影响规律,本章在前文研究的基础上,采用物理模拟试验和数值模拟的方法分析节理裂隙的倾角、方位角和间距对煤壁稳定性的影响规律。

3.1 节理面倾角对煤壁稳定性影响的物理模拟

3.1.1 物理模拟试验设计及方案

对于研究采动后岩体变形、移动及破坏的规律,尤其对涉及弹塑性、破碎、垮落等多种物理力学过程的岩体力学问题,相似材料模拟试验是以相似理论、量纲分析作为依据的一种有效的研究方法[130-131]。在遵守几何相似、物理力学相似、初始状态相似、边界条件相似等相似定律的条件下,通过试验能定性和定量得到实际问题的直接答案[132],所以对于煤体内节理不同组合方式对工作面煤壁的稳定性影响,可采用相似材料模拟试验定性甚至定量分析煤体内节理裂隙的产生、扩展和贯通演化规律,煤壁的变形位移规律、宏观破坏特征及其空间分布规律和煤壁的失稳类型。

3.1.1.1 实验原理与理论依据

(1)"砌体梁"关键块理论

钱鸣高院士提出的工作面覆岩结构的"砌体梁"力学模型,对我国采场矿压理论研究与指导生产实践都起到了重要作用[3,133]。煤层开采后顶板的"砌体梁"结构[图 3-1(a)]中的 B 和 C 岩块为关键岩块,通过分析可知[134],由于关键块的存在可将"砌体梁"结构模型简化为离层区内两关键块的三铰拱结构[图 3-1(b)],简化后的三铰拱结构就构成了试验模型的上部边界条件[135-136]。

(2)基本顶"给定变形"理论[54,135,137]

基本顶断裂岩块的回转角与基本顶断裂岩块的长度、直接顶厚度及其碎胀

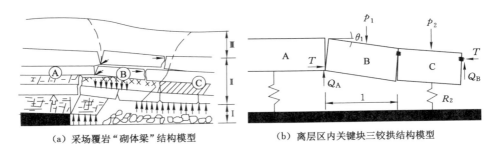

（a）采场覆岩"砌体梁"结构模型 （b）离层区内关键块三铰拱结构模型

图 3-1 工作面顶板结构

系数以及采高有关，由于煤壁对基本顶支撑存在影响角，随着回采工作面的推进，支架对关键岩块 B 回转形成的反力矩最终变为 0，所以支架无法改变岩块 B 最终的变形量。因此只要在具有基本顶的工作面，基本顶断裂岩块回转形成的"给定变形"是绝对的，与支架阻力的大小无关。

（3）直接顶"四边形"体破断结构

现场实测和实验室相似模拟试验均表明，直接顶的破断存在破断角，而且随直接顶硬度的增加而减小。直接顶破断角是一个非常重要的因素，它决定了采场直接顶的破断形状为四边形以及边界条件，而且能够影响顶板压力的大小[135]。

（4）大采高采场直接顶关键层理论[28,79,80,138]

由于大采高采场垮落带厚度较大，在一般采高条件下（采高小于 3.5 m）能够形成"砌体梁"结构的厚硬岩层，将进入垮落带成为直接顶关键层（图 3-2）。由于直接顶关键层的强度和厚度较大，仍将以一定的步距破断，这对于大采高采场矿压影响较大，同时对试验模型的上部边界产生一定的影响。

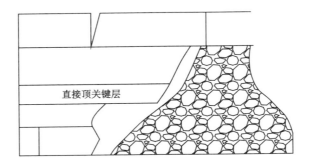

直接顶关键层

图 3-2 大采高工作面直接顶关键层

3.1.1.2 模型设计

根据试验内容及目的,确定相似比。依据相似第一定理、第二定理和第三定理以及研究内容,确定模型的几何相似比 $\alpha_l = 17.5$,容重相似比 $\alpha_\gamma = 1.67$,则强度相似比为 $\alpha_\sigma = \alpha_l \times \alpha_\gamma = 29.225$,外力相似比 $\alpha_F = \alpha_\gamma \times \alpha_l^3 = 8\ 950.156\ 25$。由于试验以重力作用为主,则时间相似比 $\alpha_t = \alpha_l^{1/2} = 4.183$[130]。

根据研究目的、实验室现有条件以及试验的可操作程度,确定采用二维平面应力模型(图 3-3),实验台规格为长×宽×高 $=2.5\ \mathrm{m} \times 0.2\ \mathrm{m} \times 2\ \mathrm{m}$。在试验过程中,采用螺旋千斤顶定点加载的方式加载,千斤顶下方铺设铁板等物品,使得两相邻基本顶砌块均匀受力。

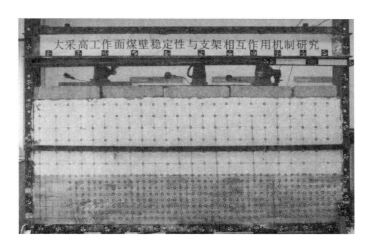

图 3-3 二维平面应力模型

为研究分析煤层节理裂隙的不同组合方式对煤壁稳定性的影响规律并使研究具有代表性,需根据现场实测结果,同时参考前人的物理模拟试验研究,确定模拟研究煤层的节理间距为 0.875 m,根据几何相似比,物理模型中煤层节理的间距为 0.05 m。

根据现场实测节理裂隙的分布情况,确定在物理模拟试验中设置 2 组节理裂隙,其中包括一组与推进方向呈一定夹角的主节理和一组水平节理,主节理与推进方向的夹角设置为 30°、60°、120°、150°(图 3-4)以及 90°,主节理倾角为 90°时,设置 2 种形式(图 3-5)。为方便叙述起见,将上述主节理与推进方向的夹角为 30°、60°、90°、120°以及 150°,分别记作主节理的倾角为 30°、60°、90°、120°以及 150°。

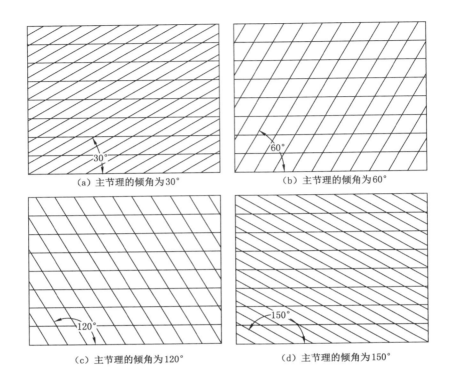

（a）主节理的倾角为30°　　　（b）主节理的倾角为60°

（c）主节理的倾角为120°　　　（d）主节理的倾角为150°

图 3-4　主节理不同倾角条件下煤层节理裂隙组合示意图

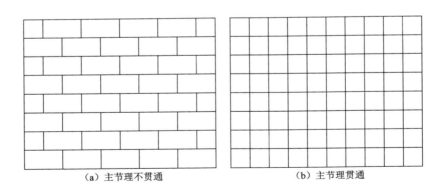

（a）主节理不贯通　　　（b）主节理贯通

图 3-5　主节理倾角为 90°时煤层节理裂隙组合示意图

根据上述节理裂隙的组合方案,可分析:① 节理倾角对煤壁内裂隙的产生、扩展和贯通演化的影响规律;② 节理的贯通程度对工作面煤壁稳定性的影响;③ 节理倾角对煤壁位移、破坏的类型及特征;④ 理倾角对煤壁稳定性的影响程度。

为实现煤层中不同节理裂隙的组合形式,采用 PVC 板制作了倾斜节理面切割模具(图 3-6)。煤层内节理面的制作方式:在铺设模型的过程中,首先将每层相似材料捣实,然后将模具放在捣实的试验材料上,根据试验方案将薄铁片放在相应的斜边上,并采用锤头等工具将薄铁片夯入相应的深度,再沿着薄铁片撒入云母粉,至此形成了一个节理面,以相同的方式制作其余的节理面。

图 3-6　倾斜节理面切割模具

3.1.1.3　试验材料及配比

相似材料模拟试验实质上属于脆性相似材料静力学模拟试验方法,属于岩体力学研究范畴,均是用与原介质力学性质相似的材料按几何相似常数制作成模型,研究具有脆性多结构特性的岩体受力后产生弹塑性变形、位移、破碎以至岩块的垮落、压实等显现的全过程[130,139]。

试验依据晋城寺河煤矿 4309 工作面的岩层柱状图(图 3-7)铺设物理模型,工作面煤层平均厚度为 6.14 m,煤质中硬,埋深为 357.62 m。

煤层、顶底板岩层以单轴抗压强度、拉压比为主要参考指标,根据实际煤岩层的厚度及力学参数(表 3-1)及模型的相似系数,可计算得到模型的岩层厚度、力学参数(表 3-2)以及模型中各类材料用量(表 3-3)。相似材料主要以沙子、碳酸钙、石膏和水为主,云母粉为辅,其中沙子为骨料,碳酸钙和石膏为胶结料,云母粉用于模拟煤岩层中的层理和节理裂隙面等弱面。

累厚/m	层厚/m	柱面	岩石名称	岩 性 描 述
318.50	18.50		细砂岩	深灰色，含少量云母。
321.00	2.50		粉砂岩	灰黑色，以石英长石为主，分选磨圆一般。
334.90	13.90		砂质泥岩	灰黑色，中厚层状，含植物化石，局部砂质含量较高。
338.90	4.00		粉砂岩	深灰色，以石英长石为主，分选磨圆一般。
351.48	12.58		砂质泥岩	灰黑色，中厚层状，有层理含植物化石，局部含砂质。
357.62	6.14		3煤	黑色优质无烟煤，具有金属光泽。
	13.18		砂质泥岩	灰黑色，厚层状，含植物化石，泥质含量较高。

图 3-7 4309 工作面煤岩层柱状图

表 3-1 煤岩层厚度及力学参数

岩性	厚度/m	密度/(kg/m³)	抗压强度/MPa	抗拉强度/MPa
粉砂岩	4	2 760	52.4	4.2
砂质泥岩	12.58	2 750	35.5	1.73
3煤	7(4.5)	1 400	20	3

表 3-2 模型岩层厚度及力学参数

岩性	厚度/mm	密度/(kg/m³)	抗压强度/MPa	抗拉强度/MPa
粉砂岩	230	1 652.7	1.8	0.1
砂质泥岩	700	1 646.7	1.2	0.1
3煤	400(250)	838.3	0.7	0.1

表 3-3　各条件下岩层配比表

岩层	厚度/mm	分层质量/kg	水/kg	沙子/kg	碳酸钙/kg	石膏/kg	备注
基本顶	230	209.1	20.9	167.3	10.5	10.5	制作砌块
直接顶	700	634.0	63.4	513.5	17.1	39.9	
中硬煤	250	115.3	11.5	93.4	5.2	5.2	分层铺设
	400	184.4	18.4	149.4	8.3	8.3	

大采高工作面直接顶厚度一般为采高的 2.0～4.0 倍[74-75,79]，根据现场地质条件、试验台尺寸以及试验内容，确定煤层上方 12.58 m 的砂质泥岩为直接顶，4 m 的粉砂岩为基本顶。

试验模型中直接顶厚度约为 700 mm，为模拟基本顶的断裂回转过程，基本顶制作成预制块。寺河煤矿大采高工作面基本顶最大周期来压步距为 43.3 m，最小周期来压步距为 10.4 m，平均为 20.1 m[140]。为保证每类节理裂隙组合方式上方的基本顶结构相同，确定基本顶预制块长度为 500 mm（实际长度为 8.75 m）；由于基本顶预制块仅用于模拟基本顶形成的结构，所以确定预制块高度为 100 mm，预制块宽度为试验台宽度 200 mm（图 3-8、图 3-9）。

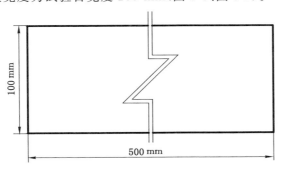

图 3-8　基本顶预制块尺寸

为便于对比分析，根据裂隙的组合方式，确定每台模型铺设 3 类节理裂隙的组合形式。为消除模型的边界效应，模型左端留设 500 mm 的边界煤柱，模型右端留设 200 mm 的边界煤柱（图 3-10）。

3.1.2　煤层主节理面倾角为 30°

在煤层主节理面倾角为 30° 的条件下，随工作面的推进，顶板发生下沉，受采动应力的影响，首先在煤层上部产生发育的节理裂隙[图 3-11(a)]，并逐渐向

（a）俯视图

（b）正视图

图 3-9　基本顶预制块实物

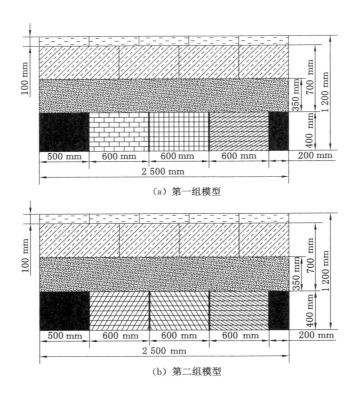

（a）第一组模型

（b）第二组模型

图 3-10　物理模型示意图

煤壁前方和煤层下部扩展和贯通,最终在煤壁前方形成节理裂隙发育区域[图 3-11(b)]。在该区域内,煤层上部节理裂隙的发育范围大于煤层下部;节理裂隙之间的相互扩展和贯通,使得发育的节理裂隙贯穿整个煤壁并导致煤壁破坏;受煤层内原生节理裂隙的影响,发育的节理裂隙面以正向(与工作面推进方向的夹角为锐角)倾斜裂隙为主。

随顶板下沉量的逐渐增加,节理裂隙发育区域的煤壁发生片帮[图 3-11(c)],煤壁前方的节理裂隙进一步发育[图 3-11(d)],煤壁片帮深度也进一步扩大[图 3-11(e)、(f)]。受基本顶回转的影响,工作面端面顶板内的裂隙也逐渐发育,并处于破碎状态[图 3-11(c)、(d)];当煤壁片帮深度较大时,端面顶板将发生冒顶现象[图 3-11(e)、(f)]。

当基本顶回转角为 1.2°时[图 3-11(a)],在采动应力的影响下,煤层上部的节理裂隙首先产生和贯通;由于煤层主节理面倾角为 30°,所以工作面前方节理裂隙的初始发育区域呈三角形,节理裂隙的初始发育区域的尺寸约为底×高=200 mm×250 mm。

当基本顶回转角为 2.5°时[图 3-11(b)],煤层内节理裂隙逐渐向下部煤层扩展和贯通,最终形成节理裂隙发育区域。在该区域内,煤层中发育的节理裂隙以正向倾斜裂隙为主,而且煤层上部节理裂隙的发育程度大于煤层下部节理裂隙的发育程度。节理裂隙之间的相互扩展和贯通使得发育的节理裂隙在竖直方向上贯穿整个煤壁并导致煤壁破坏,煤层中发育的节理裂隙至煤壁的最大距离约为 200 mm。受采动应力的影响,工作面端面顶板内的节理裂隙开始发育。

当基本顶回转角为 4°时[图 3-11(c)],工作面煤壁发生了整体片帮失稳;受煤层中发育的节理裂隙的影响,煤壁片帮的形式和节理裂隙发育的形态基本一致,呈正向倾斜状态。此时,煤壁的最大片帮深度约为 100 mm,最大高度约为 400 mm,即工作面的采高,表明受煤层中贯穿节理发育和扩展的影响,煤壁的整体稳定性较差。受基本顶回转的影响,工作面端面顶板呈破碎状态。

当基本顶回转角为 6°时[图 3-11(d)],煤层上部约 200 mm 范围内的节理裂隙逐渐向煤壁前方扩展和贯通,在煤壁前方再次形成节理裂隙发育区域,该区域的尺寸约为长×高=200 mm×200 mm,发育的节理裂隙在竖直方向上贯穿整个煤壁并导致煤壁破坏。

当基本顶回转角为 8°时[图 3-11(e)],煤壁发生了片帮失稳,此时煤壁片帮的深度约为 100 mm,高度约为 400 mm,即工作面的采高,表明此时煤壁的整体稳定性较差。在煤壁片帮的同时,工作面端面顶板冒落宽度约为 200 mm,最大冒落高度约为 120 mm。

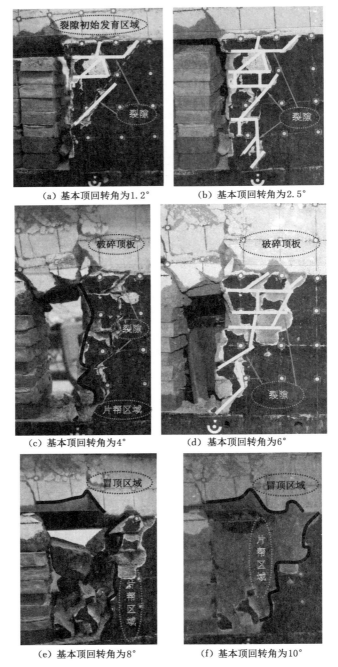

（a）基本顶回转角为1.2°　　　　　（b）基本顶回转角为2.5°

（c）基本顶回转角为4°　　　　　（d）基本顶回转角为6°

（e）基本顶回转角为8°　　　　　（f）基本顶回转角为10°

图 3-11　煤层主节理面倾角为 30°时裂隙发育过程及煤壁片帮失稳形式

当基本顶回转角度为 10°时[图 3-11(f)],煤壁片帮进一步加剧,煤壁上部片帮深度大于下部的片帮深度,最大片帮深度约为 200 mm;煤层上部的片帮形状与煤层内的节理裂隙的扩展形式基本一致,近似呈正向斜线形,和工作面推进方向的夹角约为 30°。工作面端面顶板的冒顶范围也进一步加剧,此时工作面端面冒顶的宽度约为 350 mm。

3.1.3　煤层主节理面倾角为 60°

在煤层主节理面倾角为 60°的条件下,随工作面的推进,顶板发生下沉,受采动应力的影响,首先在煤层上部产生发育的节理裂隙[图 3-12(a)],并逐渐向煤壁前方扩展和贯通;随着节理裂隙的扩展和贯通,煤层上部首先发生局部片帮失稳[图 3-12(b)],同时发育的节理裂隙及煤壁片帮范围逐渐向煤层下部扩展,最终在煤壁前方形成节理裂隙发育区域[图 3-12(c)、(f)]。在该区域内,煤层上部节理裂隙的贯通度和张开度大于煤层下部;节理裂隙之间的相互扩展和贯通,使得煤壁附近发育的节理裂隙贯穿整个煤壁并导致煤壁破坏;受煤层内原生节理裂隙的影响,发育的节理裂隙面以正向倾斜裂隙为主[图 3-12(c)、(f)]。

随顶板下沉量的逐渐增加,煤壁片帮范围进一步扩大[图 3-12(d)、(e)],煤壁前方的节理裂隙也进一步发育[图 3-12(f)],节理裂隙发育范围的增大,使得煤壁片帮深度也随之扩大[图 3-12(g)]。受基本顶回转的影响,工作面端面顶板内的裂隙也逐渐发育[图 3-12(b)、(c)];当煤壁片帮深度较大时,端面顶板发生了冒顶现象[图 3-12(d)、(e)、(f)、(g)]。

当基本顶回转角为 1.2°时[图 3-12(a)],煤壁前方约 200 mm 范围内顶板附近的局部煤体首先产生节理裂隙,此时节理裂隙的贯通度和张开度较小。

当基本顶回转角为 2.5°时[图 3-12(b)],煤层中发育的节理裂隙分布在煤壁前方 150 mm 及顶板下方 200 mm 范围内,节理裂隙的张开度逐渐增加,同时贯穿顶板下方 150 mm 范围内的部分煤壁并导致煤壁破坏;受煤层内节理裂隙发育的影响,煤壁发生了片帮失稳,此时煤壁片帮的深度约为 50 mm,片帮高度约为 150 mm,即受发育的节理裂隙贯穿的煤壁尺寸。此时,工作面端面顶板内的节理裂隙开始发育和扩展,产生了 2 条裂隙,顶板裂隙间距约为 75 mm。

当基本顶回转角为 4°时[图 3-12(c)],煤壁前方的节理裂隙继续向煤壁前方和煤层下部扩展和贯通,节理裂隙最终贯穿整个煤层,并在煤壁前方形成节理裂隙的发育区域。煤层上部节理裂隙的发育宽度约为 250 mm,煤层下部的发育宽度约为 200 mm,导致煤壁片帮。煤壁继续发生片帮失稳,此时煤壁的最大片帮深度约为 50 mm,位于煤壁上部,至顶板的距离约为 50 mm 处,这表明工作面中上部稳定性较差。工作面端面顶板内节理裂隙进一步发育和扩

（a）基本顶回转角为 1.2°

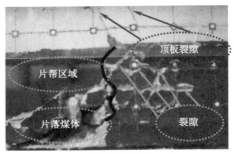

（b）基本顶回转角为 2.5°

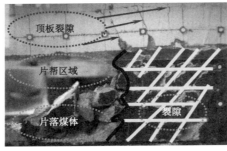

（c）基本顶回转角为 4°

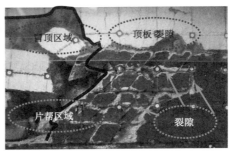

（d）基本顶回转角为 6°

（e）基本顶回转角为 8°

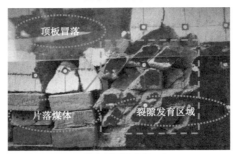

（f）基本顶回转角为 10°

（g）基本顶回转角为 10°

图 3-12　煤层主节理面倾角为 60°时裂隙发育过程及煤壁片帮失稳形式

展,顶板裂隙的发育长度及张开度逐渐增大,在原有裂隙的前方又产生了1条裂隙,该裂隙与前两条裂隙的间距约为 60 mm,裂隙的发育破坏了端面顶板的完整性。

当基本顶回转角为 6°时[图 3-12(d)],工作面端面围岩发生了严重的片帮和冒顶现象,同时煤层节理裂隙继续向前扩展和贯通。煤层上部发育的节理裂隙至煤壁的最大距离约为 250 mm,煤层下部发育的节理裂隙至煤壁的最大距离约为 200 mm。由于煤层内节理裂隙的发育以及主节理的倾角为 60°,所以煤壁片帮形态基本呈正向倾斜状态,与工作面推进方向的夹角约为 60°;倾斜段的长度约为 150 mm,煤壁的最大片帮深度约为 100 mm,位于煤层上部至顶板距离约为 50 mm 处。基本顶的回转和煤壁的片帮使得端面顶板的最大冒落高度约为 150 mm,冒落宽度约为 75 mm,为工作面端面顶板内发育的裂隙间距。

当基本顶回转角为 8°时[图 3-12(e)],由于煤壁前方存在发育的节理裂隙,受基本顶回转的影响,工作面煤壁仍将继续发生片帮失稳。此时,煤壁片帮贯穿了整个煤层,呈正向斜线形;煤壁上部至顶板 50 mm 处的煤层片帮深度最大,最大片帮深度约为 125 mm。由于工作面的片帮失稳,端面顶板的冒落高度约为 150 mm,冒落宽度约为 125 mm,为煤层的最大片帮深度。

当基本顶回转角为 10°时[图 3-12(f)],受基本顶回转的影响,煤层内的节理裂隙逐渐向煤层下部扩展和贯通,在煤壁前方再次形成节理裂隙的发育区域。区域内发育的节理裂隙至煤壁的最大距离约为 200 mm,并且贯穿煤层上部至顶板 200 mm 范围内的煤壁并导致煤壁破坏,此时节理裂隙发育区域近似呈正方形。受煤层内节理裂隙发育的影响,工作面煤壁将发生片帮失稳,煤壁片帮近似呈正向斜线形,并贯穿了整个煤层;煤壁片帮的深度基本为节理裂隙发育区域的宽度,约为 200 mm[图 3-12(g)]。在节理裂隙发育和煤壁片帮的过程中,端面顶板的最大冒落宽度约为 120 mm,冒落高度约为 150 mm。

3.1.4　煤层主节理面倾角为 90°

3.1.4.1　主节理面不贯通

在煤层主节理面倾角为 90°且不贯通的条件下,随工作面的推进,顶板发生下沉,受采动应力的影响,首先在煤层上部产生发育的节理裂隙[图 3-13(a)];随基本顶回转角的增加,逐渐向煤壁前方和煤层下部发育和扩展[图 3-13(b)、(c)],最终在煤壁前方形成节理裂隙发育区域[图 3-13(d)]。在该区域内,煤层中部节理裂隙的发育范围大于煤层上下两端;节理裂隙之间的相互扩展,使得发育的节理裂隙贯穿整个煤壁并导致煤壁破坏;受煤层内原生节理面的影响,发育

（a）基本顶回转角为1.2°

（b）基本顶回转角为2.5°

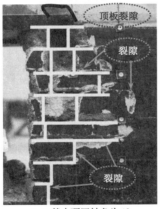

（c）基本顶回转角为4°

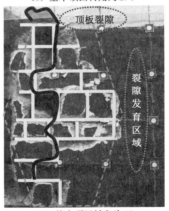

（d）基本顶回转角为6°

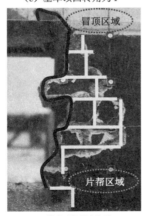

（e）基本顶回转角为8°

（f）基本顶回转角为10°

图 3-13　煤层主节理面倾角为90°且不贯通时裂隙发育过程及煤壁片帮失稳形式

的节理裂隙面以竖直裂隙为主,且层间发育的主节理面不贯通。

随顶板下沉量的逐渐增加,受节理裂隙发育区域影响的煤壁发生片帮[图3-13(e)];下沉量越大,煤壁片帮深度越大[图3-13(f)]。受基本顶回转及煤壁片帮的影响,工作面端面顶板稳定性较差;受采动应力的影响,端面顶板内的裂隙逐渐发育[图3-13(a)];当煤壁发生片帮时,端面顶板也发生了冒顶现象[图3-13(e)]。

当基本顶回转角为1.2°时[图3-13(a)],在采动应力的影响下,煤层上部至顶板100 mm,煤壁前方50 mm范围内的节理裂隙首先产生和发育;受煤层内主节理面的影响,煤壁前方发育的节理裂隙在煤层方向上不贯通。受基本顶回转的影响,工作面端面顶板内的节理裂隙开始发育和扩展,其发育范围尺寸约为宽×高=50 mm×25 mm。

当基本顶回转角为2.5°时[图3-13(b)],随基本顶回转角的增大,煤层内节理裂隙逐渐向煤壁前方和下部煤层扩展,此时煤层内节理裂隙的发育范围尺寸约为宽×高=100 mm×200 mm。

当基本顶回转角为4°时[图3-13(c)],煤层内节理裂隙继续向煤壁前方和下部煤层扩展;此时发育的节理裂隙波及了整个煤层,破坏了工作面煤壁的完整性,此时煤层内节理裂隙的发育范围尺寸约为宽×高=150 mm×300 mm。

当基本顶回转角为6°时[图3-13(d)],煤层中部的节理裂隙继续向煤壁前方扩展,进一步破坏了煤壁的完整性;此时煤层内节理裂隙的发育范围近似呈两端窄、中间宽的六边形,煤层顶端和底端节理裂隙的发育宽度约为100 mm,而煤层中部节理裂隙的发育宽度约为200 mm。

当基本顶回转角为8°时[图3-13(e)],煤壁发生了片帮失稳,此时煤壁的最大片帮高度为400 mm,为工作面采高;最大片帮深度约为100 mm,为煤层顶端和底端节理裂隙扩展的最大宽度;此时,煤壁片帮形状近似为断续的直线形。受煤壁片帮的影响,端面顶板的冒落宽度约为50 mm,冒落高度约为25 mm,为端面顶板内节理裂隙发育范围的尺寸。

当基本顶回转角为10°时[图3-13(f)],煤壁片帮深度进一步加剧。受煤层内节理裂隙发育的影响,至煤层顶板150～250 mm范围内的工作面片帮深度最大,其最大片帮深度约为200 mm,此时煤壁片帮失稳的形状约为"倒耳郭"形。

3.1.4.2　煤层节理面贯通

在煤层主节理面倾角为90°且贯通的条件下,随工作面的推进,顶板发生下沉,受采动应力的影响,首先在煤层上部产生发育的节理裂隙[图3-14(a)];随基本顶回转角的增加,逐渐向煤层下部发育和扩展,煤层上部发育的节理裂隙密度也逐渐增大,最终在煤壁前方形成节理裂隙发育区域[图 3-14(b)]。在该区域内,煤层上部贯通的节理裂隙基本和煤层下部的节理裂隙相贯通,且煤层上部节理裂隙的密度大于煤层下部;节理裂隙之间的相互扩展和贯通,使得发育的节理裂隙贯穿整个煤壁并导致煤壁破坏。

　　随顶板下沉量的逐渐增大,受节理裂隙发育区域影响的煤壁发生局部片帮[图 3-14(c)];随基本顶回转角的增大,片帮深度也逐渐扩大[图 3-14(d)]。受基本顶回转及煤壁片帮的影响,工作面端面顶板稳定性较差;受采动应力的影响,端面顶板内的裂隙逐渐发育[图 3-14(a)、(b)];当煤壁发生片帮时,端面顶板也发生了冒顶现象[图 3-14(c)、(d)]。

(a) 基本顶回转角为 4°

(b) 基本顶回转角为 6°

(c) 基本顶回转角为 8°

(d) 基本顶回转角为 10°

图 3-14　煤层主节理面倾角为 90°且贯通时裂隙发育过程及煤壁片帮失稳形式

当基本顶回转角为 4°时[图 3-14(a)]，受采动应力的影响，煤层上部至顶板 200 mm 范围内的节理裂隙发育密度和范围大于煤层下部；煤壁前方节理裂隙发育的最大深度约为 200 mm，最小深度约为 150 mm；可将煤层中线作为节理裂隙发育程度不同的分界线。发育的主节理裂隙均呈直线形，并相互贯通使部分煤壁发生破坏。受基本顶回转的影响，工作面端面顶板及煤壁前方的顶板内的节理裂隙开始发育和扩展，端面顶板内节理裂隙发育的范围尺寸约为宽×高＝100 mm×90 mm，煤壁前方的顶板内的节理裂隙的发育的范围尺寸约为宽×高＝100 mm×50 mm。

当基本顶回转角为 6°时[图 3-14(b)]，随基本顶回转角的增大，煤层节理裂隙逐渐向下部煤层扩展和贯通，基本贯穿了整个煤壁；同时煤层上部竖直节理裂隙的密度也逐渐增大，最终形成煤壁前方节理裂隙的发育区域。该区域近似呈矩形，节理裂隙发育区域的尺寸约为高×宽＝400 mm×250 mm。端面顶板内的节理裂隙继续发育，其范围约为宽×高＝150 mm×80 mm。

当基本顶回转角为 8°时[图 3-14(c)]，煤壁发生了片帮失稳，此时煤壁片帮的深度约为 50 mm，高度约为 120 mm，煤壁片帮形状为直线形。受煤壁片帮的影响，端面顶板冒落的宽度约为 100 mm，最大冒落的高度约为 90 mm，为工作面端面顶板内节理裂隙发育范围。

当基本顶回转角为 10°时[图 3-14(d)]，煤壁片帮深度进一步加剧。受煤层内节理裂隙发育的影响，煤壁发生了整体片帮，表明此时煤壁的整体稳定性较差；煤壁最大片帮深度约为 250 mm，最大高度为 400 mm；煤壁片帮的形态近似呈直线形，表明煤壁片帮与煤层内节理裂隙的发育有密切关系。随煤壁片帮程度的加剧，端面顶板的冒顶区域也逐渐增大，端面顶板的最大冒落高度约为 100 mm，冒落宽度约为 270 mm。

3.1.5 煤层主节理面倾角为 120°

在煤层主节理倾角为 120°的条件下，随工作面的推进，顶板发生下沉，受采动应力的影响，首先在煤层上部产生发育的节理裂隙[图 3-15(a)]，并逐渐向煤壁前方和煤层下部扩展和贯通，最终在煤壁前方形成节理裂隙发育区域[图 3-15(b)、(c)]。在该区域内，受煤层内原生节理裂隙的影响，发育的节理裂隙面以反向(与工作面推进方向的夹角为钝角)倾斜裂隙为主，煤层下部节理裂隙的发育范围大于煤层上部；节理裂隙的相互扩展和贯通，使得发育的节理裂隙贯穿整个煤壁并导致煤壁破坏。

随顶板下沉量的逐渐增加，节理裂隙发育区域的煤壁发生破坏失稳，煤层内的节理裂隙进一步发育[图 3-15(b)、(c)]，煤壁片帮的深度也进一步扩大

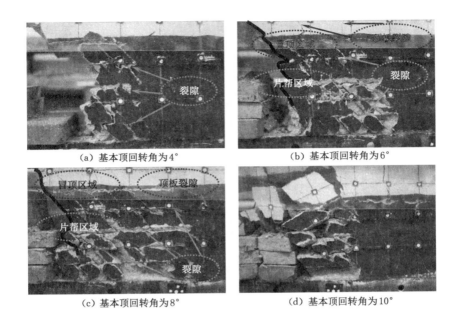

（a）基本顶回转角为4° （b）基本顶回转角为6°

（c）基本顶回转角为8° （d）基本顶回转角为10°

图 3-15 煤层主节理面倾角为120°时裂隙发育过程及煤壁片帮失稳形式

［图 3-15(d)］。受基本顶回转及煤壁片帮的影响，工作面端面顶板稳定性较差，顶板内部发育的节理裂隙破坏了顶板的完整性，工作面煤壁片帮失稳极易诱发端面顶板冒落［图 3-15(b)、(c)、(d)］。

当基本顶回转角为4°时［图 3-15(a)］，在采动应力的影响下，煤层上部发育的节理裂隙逐渐向煤层下部扩展和贯通；由于煤层主节理面倾角为120°，煤层下部发育的节理裂隙至煤壁的最大距离约为 160 mm，煤层上部至煤壁的最大距离约为 100 mm，煤层下部节理裂隙的发育宽度大于煤层上部。

当基本顶回转角为6°时［图 3-15(b)］，工作面上部至顶板 150 mm 范围的煤壁发生了片帮失稳，最大片帮深度约为 100 mm；受煤层内发育的节理裂隙的影响，片帮形状近似呈反向斜线形。煤壁前方的节理裂隙继续扩展和贯通，此时煤层上部节理裂隙的发育宽度约为 200 mm，煤层下部约为 250 mm。煤层上方顶板内的节理裂隙也逐渐发育，顶板内存在 2 条规模较大的裂隙，其间距约为 100 mm。由于工作面煤壁的片帮失稳，端面顶板的冒落高度约为 50 mm，冒落宽度约为 100 mm，为煤壁片帮的最大深度。

当基本顶回转角为8°时［图 3-15(c)］，受煤壁前方节理裂隙扩展和贯通的影响，工作面煤壁片帮失稳范围进一步扩大；煤层上部至顶板距离为 100 mm 范围的煤壁片帮深度最大,约为 120 mm;受煤层内发育的节理裂隙的影响,煤壁片帮形状同样近似为反向斜线形。煤壁前方的节理裂隙继续扩展和贯通,此时煤层上部节理裂隙的发育宽度约为 200 mm,煤层下部约为 300 mm。煤层上方顶板内的节理裂隙密度逐渐增大,破坏了顶板的完整性。受煤壁片帮失稳的影响,端面顶板的最大冒落高度约为 50 mm,最大冒顶宽度约为 120 mm,同样为煤壁片帮深度。

当基本顶回转角为 10°时[图 3-15(d)],受煤壁前方及顶板内节理裂隙扩展和贯通的影响,工作面端面围岩稳定性较差,煤壁发生了严重的片帮失稳,端面顶板也发生了严重冒落失稳。此时煤壁的最大片帮深度约为 300 mm,部分片帮冒落煤体在模型内呈不规则分布。工作面端面顶板冒落的尺寸呈现随机性,最大冒落高度约为 100 mm,冒落宽度约为 300 mm,为煤壁片帮深度。

3.1.6 煤层主节理面倾角为 150°

在煤层主节理面倾角为 150°的条件下,随工作面的推进,顶板发生下沉,受采动应力的影响,首先在煤层上部产生发育的节理裂隙[图 3-16(a)],并逐渐向煤壁前方和煤层下部扩展和贯通,最终在煤壁前方形成节理裂隙发育区域[图 3-16(b)]。在该区域内,受煤层内原生节理裂隙的影响,发育的节理裂隙面以反向倾斜裂隙为主,煤层下部节理裂隙的发育范围大于煤层上部,而煤层上部煤体的破碎度大于煤层下部;节理裂隙的相互扩展和贯通,使得发育的节理裂隙贯穿整个煤壁并导致煤壁破坏。

随顶板下沉量的逐渐增大,节理裂隙发育区域的煤壁发生片帮失稳,煤层内的节理裂隙进一步发育[图 3-16(c)],煤壁片帮的深度也进一步扩大[图 3-16(d)]。受基本顶回转及煤壁片帮的影响,工作面端面顶板稳定性较差,顶板内部发育的节理裂隙破坏了顶板的完整性[图 3-16(a)],工作面煤壁片帮失稳极易诱发端面顶板冒顶[图 3-16(c)、(d)]。

当基本顶回转角为 4°时[图 3-16(a)],在采动应力的影响下,煤层上部发育的节理裂隙逐渐向煤层下部扩展和贯通;煤壁前方节理裂隙的发育的最大宽度约为 200 mm,发育的节理裂隙呈反向倾斜状态,并贯穿了整个煤层。在煤层节理裂隙发育的同时,工作面端面顶板内的裂隙也逐渐扩展和贯通,顶板内裂隙发育的高度约为 100 mm。裂隙的贯通长度约为 275 mm。

当基本顶回转角为 6°时[图 3-16(b)],煤层内的节理裂隙继续向煤壁前方扩展和贯通,并在煤层前方形成节理裂隙的发育区域;煤层上部节理裂隙的发育宽度约为 120 mm,煤层下部约为 250 mm,煤层下部节理裂隙的张开度大于煤层上部。受工作面端面顶板内裂隙的影响,端面顶板发生破断,并向采空区侧移

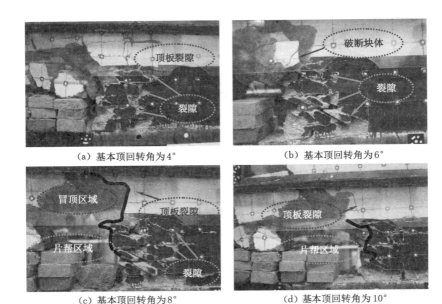

（a）基本顶回转角为4°　　　　　　（b）基本顶回转角为6°

（c）基本顶回转角为8°　　　　　　（d）基本顶回转角为10°

图 3-16　煤层主节理面倾角为 150°时裂隙发育过程及煤壁片帮失稳形式

动,此时顶板破断块体在竖直方向的位移约为 80 mm。

　　当基本顶回转角为 8°时[图 3-16(c)],煤层内节理裂隙继续发育,此时煤层下部节理裂隙发育的宽度约为 200 mm,煤层上部节理裂隙发育的宽度约为 100 mm。受煤壁前方节理裂隙发育的影响,工作面煤壁发生了片帮失稳,煤壁片帮形状为反向斜线形,与煤层内节理裂隙发育的形状基本一致,煤壁的最大片帮深度约为 100 mm。工作面端面顶板内发育产生了竖向裂隙,已破断的块体发生了冒落失稳,端面顶板的冒落宽度约为 150 mm,最大冒落高度约为 150 mm。

　　当基本顶回转角为 10°时[图 3-16(c)],受煤层节理裂隙发育的影响,工作面煤壁继续发生片帮失稳,此时煤壁片帮形状也呈反向斜线形,与工作面推进方向的夹角约为 150°,最大片帮深度约为 100 mm。端面顶板内的竖向裂隙也进一步发育。

3.1.7　试验结果对比分析

　　根据上述物理模拟试验分析可知,煤壁片帮失稳的形态及范围取决于煤层节理裂隙发育区域的状态,而煤层节理裂隙的发育状态与煤层内节理的组合方式有关。

当煤层主节理面倾角为 30°时,煤层内节理裂隙由上至下逐步扩展;随顶板下沉量的增加,在煤层厚度方向和水平方向上节理裂隙的扩展范围逐渐增大。受煤层内原生节理裂隙的影响,发育的节理裂隙呈正向倾斜状态。当煤层内节理裂隙的扩展趋于稳定时,煤层上部节理裂隙的发育范围约为 200 mm,煤层下部节理裂隙发育的范围约为 100 mm,近似呈梯形分布,宏观表现为煤壁上部的位移量大于煤壁下部。受节理裂隙扩展和贯通的影响,煤壁被切割成由多个菱形煤体组成的组合体,其变形表现为上部的水平位移大于下部,而煤壁的稳定性则取决于菱形煤体的稳定性。在宏观上,煤壁片帮的形态呈正向斜线形,片帮的高度和深度与节理裂隙的扩展和发育范围基本一致。

当煤层主节理面倾角为 60°时,首先在煤层上部产生发育的节理裂隙,并逐渐向煤壁前方扩展和贯通;受煤层内原生节理裂隙的影响,发育的节理裂隙呈正向倾斜状态,当煤层内节理裂隙的扩展趋于稳定时,煤层上部节理裂隙的最大发育宽度约为 250 mm,煤层下部约为 200 mm。宏观表现为煤壁上部的位移量大于煤壁下部。随顶板下沉量的增加,煤层上部首先发生局部片帮失稳,同时在煤层厚度方向和水平方向上节理裂隙的扩展范围逐渐增大。受节理裂隙扩展和贯通的影响,煤壁被切割成由多个菱形煤体组成的组合体,其变形表现为上部的水平位移大于下部,而煤壁的稳定性则取决于菱形煤体的稳定性。煤层上部的煤体较破碎,稳定性较差;煤壁片帮呈正向斜线形,煤壁上部片帮深度较大,最大片帮深度约为 250 mm。

当煤层主节理为竖直节理但不贯通时,煤壁的变形破坏是节理裂隙扩展演化的宏观表现,是沿着不贯通的节理面进行的。煤壁内节理裂隙的扩展是沿着原生节理面扩展的,其扩展演化随着顶板下沉量的增大而增大,且由煤壁上部、中部再到下部演化,贯通的节理主要集中在靠近煤壁附近,而且随顶板下沉量的增大,贯通范围越大。在水平方向上,节理裂隙的扩展主要集中在中上部,而且随顶板下沉量的增大扩展范围增大;受节理不贯通的影响,煤壁内节理裂隙的扩展形态呈不规则状态。煤层中上部节理裂隙的最大发育宽度约为 200 mm,下部节理裂隙的最大发育宽度约为 100 mm。

当煤层主节理为竖直方向且贯通时,煤壁内节理裂隙由上至下产生并逐步扩展;随着顶板下沉量的增大,在煤层厚度方向和水平方向上,节理裂隙的扩展范围增大,而且靠近煤壁处的节理面位移量增大,宏观表现为煤壁的水平位移量增大。受煤层内原生节理裂隙的影响,煤壁被切割成由多个竖条带组成的组合体,其变形表现为中上部大、下部小的水平位移,而煤壁的稳定性则取决于组合条带的稳定性。随着顶板下沉量的增大,煤壁内节理裂隙的扩展趋于稳定,上、中部发育宽度为 250 mm,下部为 200 mm,近似呈矩形分布,而煤壁的片帮高度和深度与节理裂隙的扩展发育范围基本一致。

当煤层主节理面倾角为120°时,首先在煤层上部产生发育的节理裂隙,随顶板下沉量的增加,在煤层厚度方向和水平方向上节理裂隙的扩展范围逐渐增大。受煤层内原生节理裂隙的影响,发育的节理裂隙呈反向倾斜状态;当煤层内节理裂隙的扩展趋于稳定时,煤层下部节理裂隙的最大发育宽度约为300 mm,煤层上部约为200 mm,宏观表现为煤壁下部的位移量大于煤壁上部。受节理裂隙扩展和贯通的影响,煤壁被切割成由多个菱形煤体组成的组合体,其变形表现为下部大于下部的水平位移,而煤壁的稳定性则取决于菱形煤体的稳定性。受煤层内节理裂隙扩展和贯通的影响,煤层下部的煤体较破碎,稳定性较差;煤壁片帮呈反向斜线形,煤壁下部片帮深度较大,最大片帮深度约为300 mm。

当煤层主节理面倾角为150°时,首先在煤层上部产生发育的节理裂隙,随顶板下沉量的增加,在煤层厚度方向和水平方向上节理裂隙的扩展范围逐渐增大,发育的节理裂隙破坏了煤壁的完整性。受煤层内原生节理裂隙的影响,发育的节理裂隙呈反向倾斜状态;当煤层内节理裂隙的扩展趋于稳定时,煤层下部节理裂隙的最大发育宽度约为250 mm,煤层上部约为120 mm,宏观表现为煤壁下部的位移量大于煤壁上部。受节理裂隙扩展和贯通的影响,煤壁被切割成由多个菱形煤体组成的组合体,其变形表现为下部大于上部的水平位移,而煤壁的稳定性则取决于菱形煤体的稳定性。受煤层内节理裂隙扩展和贯通的影响,煤层下部的煤体较破碎,稳定性较差;煤壁片帮呈反向斜线形,煤壁下部片帮深度较大,最大片帮深度约为250 mm。

受顶板下沉及煤壁片帮的影响,工作面端面顶板内的裂隙也逐渐发育。煤壁的片帮使得工作面端面冒顶现象较明显,端面围岩稳定性较差。其中最大冒顶高度约为150 mm,最大冒顶宽度约为350 mm。

3.2 节理面倾角对煤壁稳定性影响的数值模拟

在大采高工作面中,工作面煤壁发生片帮时以推进方向的位移量为主;在数值模拟过程中,Y 方向为工作面推进方向,所以可采用 Y 方向位移量的大小表征工作面煤壁的稳定程度。

依据表 2-3 和图 2-16 所示的节理面倾角的产状,研究分析节理面倾角对煤壁稳定性的影响规律。

3.2.1 煤层节理面倾角为 45°

在工作面推进方向上(图 3-17),煤层下部煤体 Y 方向位移量略大于上部煤

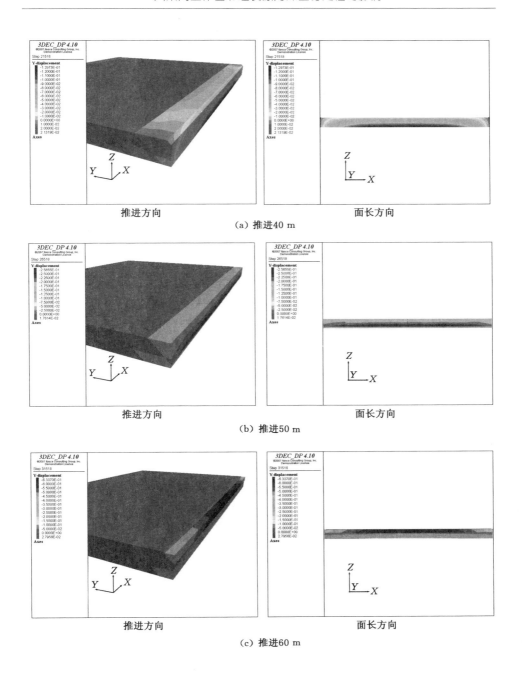

（a）推进40 m

（b）推进50 m

（c）推进60 m

图 3-17　节理面倾角为 45°时煤体 Y 方向位移云图

体位移量。在煤壁附近节理面两侧的煤体 Y 方向位移量有较大差别,所以可用节理面作为分界线,将煤壁前方分为 3 个区域:煤壁与煤壁前方第一个节理面之间为煤体活动的剧烈区域,煤壁前方第一个节理面与第二个节理面之间为煤体活动的过渡区域,煤壁前方第二个节理面与第三个节理面之间为煤体活动的始动区域。从防控煤壁片帮的角度,煤体活动的剧烈区域为重点防治的区域,而过渡区域及始动区域为预防煤壁片帮的关键区域,所以煤壁与第一个节理面之间是防治片帮的重点区域,第一个节理面和第三个节理面之间是预防片帮的关键区域。

在工作面面长方向上(图 3-17),煤壁位移等值线基本呈以工作面竖直中线为竖直对称轴的"∩"形分布,且从工作面中部向两端逐渐减小。当煤壁前方第一个节理面与煤壁存在交线时,该交线将工作面按 Y 方向位移量大小分成了上下明显的两部分;交线上方煤壁 Y 方向位移量及位移等值线密度均较大,下方 Y 方向位移量及等值线密度均较小。因此,节理面和工作面的交线上部煤壁为易片帮区域,该区域的大小与节理面和煤壁的交线有关,交线的位置决定了工作面易片帮区域的大小。

在节理面倾角为 45°的条件下,当工作面推进 30 m、50 m 和 70 m 时,工作面基本顶在煤壁上方断裂,并产生明显的整体下沉(图 3-18),根据现场资料可知[140],当寺河煤矿大采高综采工作面来压时,其影响范围一般为 6 m,所以当工作面推进 24 m、26 m、28 m、30 m、44 m、46 m、48 m、50 m、64 m、66 m、68 m 和 70 m 时,工作面处于基本顶周期来压影响阶段。

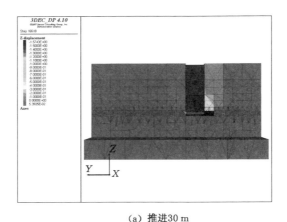

(a) 推进30 m

图 3-18　节理面倾角为 45°时工作面顶板位移云图

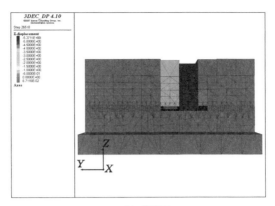

（b）推进50 m

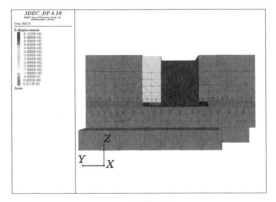

（c）推进70 m

图 3-18（续）

　　根据数值模型计算方案［图 2-16（a）］及模拟结果（图 3-17）可知,当节理面倾角为 45°时煤壁 Y 方向位移量和煤层节理面与工作面的交线位置随工作面推进发生了周期性的波动（图 3-19、表 3-4）。当工作面推进 30 m 时,工作面煤壁 Y 方向位移量最大,为 1 310 mm,此时交线位于煤壁的中部;当工作面推进 26 m 时,煤壁 Y 方向位移量最小,为 89 mm,此时煤层节理和工作面没有交线;在工作面推进期间,煤壁 Y 方向位移量平均为 424 mm。

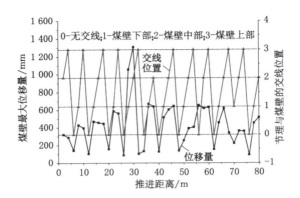

图 3-19　节理面倾角为 45°时煤壁 Y 方向位移量与交线位置的变化规律

表 3-4　节理面倾角为 45°时回采期间工作面煤壁 Y 方向位移量及交线位置

推进阶段	推进距离/m	煤壁 Y 方向位移量/mm	交线位置
非来压期间	开切眼	320	煤壁上部
	10	396	煤壁上部
	20	159	煤壁下部
	40	129	无交线
	60	634	煤壁上部
	80	512	煤壁中部
来压期间	24	562	煤壁上部
	26	89	无交线
	28	1 056	煤壁下部
	30	1 310	煤壁中部
	44	606	煤壁中部
	46	647	煤壁上部
	48	141	无交线
	50	256	煤壁下部
	64	456	煤壁下部
	66	621	煤壁中部
	68	340	煤壁上部
	70	222	煤壁下部

工作面来压期间煤壁 Y 方向位移量平均为 526 mm,非来压期间煤壁 Y 方向位移量平均为 380 mm,两者的差值为 146 mm,约为后者的 38%。这表明在节理面倾角 45°的条件下,工作面来压对煤壁的稳定有明显的影响。

在工作面非来压期间,煤壁 Y 方向位移量与交线位置之间的关系为:当煤层节理面和工作面的交线位于煤壁上部时,煤壁 Y 方向位移量最大;当交线位于煤壁中部时,煤壁 Y 方向位移量次之;当交线位于煤壁下部时,煤壁 Y 方向位移量较小;当煤层节理面和工作面不存在交线时,煤壁 Y 方向位移量最小(表 3-4)。

这是由于煤层节理面和工作面的交线的存在破坏了煤壁的完整性,节理面、煤壁与顶板三者之间的煤体可作为垫层"吸收"了部分采动应力,减小了采动应力对煤壁稳定性的影响。当交线位于煤壁上部和中部时,节理面、煤壁与顶板三者之间的煤体体积较小,该部分煤体只能"吸收"小部分的采动应力,且煤壁前方煤体完整性较差,在采动应力的作用下该部分煤体易沿节理面发生滑动,所以当交线位于煤壁上部时,煤壁 Y 方向位移量最大。当交线位于煤壁下部或不存在交线时,节理面、煤壁与顶板三者之间的煤体体积较大,该部分煤体可"吸收"大部分采动应力,且煤壁前方煤体完整性较好,采动应力对煤壁的稳定影响较小,所以当交线位于煤壁下部或不存在交线时,煤壁 Y 方向位移量最小。

当煤层节理面和工作面的交线位置相同时,工作面来压期间煤壁 Y 方向位移量大于非来压期间煤壁的 Y 方向位移量(表 3-4);而在工作面非来压期间,交线位于煤壁中部和上部时,煤壁 Y 方向位移量大于工作面来压期间交线位于煤壁下部的位移,这表明当煤层节理面倾角为 45°时,交线在煤壁的位置是造成煤壁失稳的主要因素。

3.2.2 煤层节理面倾角为 90°

当煤层节理面倾角为 90°时,煤体位移云图分布规律与煤层节理面倾角为 45°时有较大差别(图 3-20)。

在工作面推进方向上,由于煤层节理面平行于煤壁,煤层上部和下部两部分煤体的 Y 方向位移量不存在明显的差别。在煤壁附近节理面两侧的煤体 Y 方向位移量有较大差别,所以同样可用节理面作为分界线,将煤壁前方分为 3 个区域:煤壁与煤壁前方第一个节理面之间为煤体活动距离区域,煤壁前方第一个节理面与第二个节理面之间为煤体活动的过渡区域,煤壁前方第二个节理面与第三个节理面之间为煤体活动的始动区域。从防控煤壁片帮的角度,煤壁与第一个节理面之间是治理煤壁片帮的重点区域,第一个节理面和第三个节理面之间是预防片帮的关键区域。

在工作面面长方向上,不同推进距离条件下煤壁位移等值线的分布规律不尽

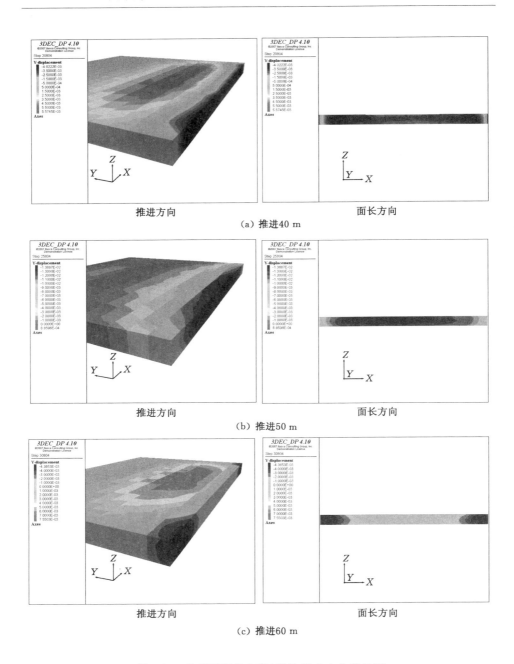

图 3-20 节理面倾角 90°时煤体 Y 方向位移云图

相同:当工作面推进 50 m 时,煤壁位移等值线近似呈以工作面水平中线为对称轴的椭圆形分布,煤壁 Y 方向最大位移量位于工作面中上部,且 Y 方向位移量由工作面中部向两端逐渐减小;当工作面推进 40 m 和 60 m 时,煤壁位移等值线近似呈以工作面水平中线为对称轴的双曲线分布,煤壁 Y 方向最大位移量位于工作面两端,且 Y 方向位移量由工作面两端向煤壁中部逐渐减小。因此,当节理面倾角为 90°,不同推进距离条件下,煤壁易片帮区域的位置和范围不同。

在节理面倾角为 90° 的条件下,当工作面推进 30 m、50 m 和 70 m 时,工作面基本顶在煤壁上方断裂,并产生明显的整体下沉(图 3-21)。由此可知,工作面推进 24 m、26 m、28 m、30 m、44 m、46 m、48 m、50 m、64 m、66 m、68 m 和 70 m 时,工作面处于基本顶周期来压影响阶段。

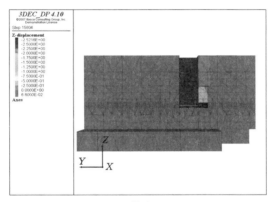

(a) 推进30 m

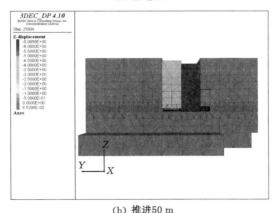

(b) 推进50 m

图 3-21 节理面倾角为 90° 时工作面顶板位移云图

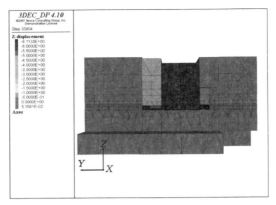

(c) 推进 70 m

图 3-21(续)

当工作面推进 40 m 和 60 m 时,工作面前方存在近似呈椭圆形的区域(图 3-20)。在此区域内,煤体位移沿 Y 正方向且椭圆内部的位移量大于其边缘的位移量。在不同推进距离条件下,该区域的大小和至工作面的距离随工作面的推进逐渐减小。当工作面推进 40 m,该区域的最大长度约为 90 m,最大宽度约为 30 m,其边缘至工作面的距离约为 10 m。当工作面推进 60 m 时,该区域的最大长度约为 80 m,最大宽度约为 30 m,区域边缘至工作面的距离约为 5 m。而当工作面推进 50 m 时,工作面前方则不存在类似区域。这是由于基本顶的断裂[图 3-21(b)]减弱了顶板对煤层的压力,使煤壁前方煤体内的能量得到释放,故煤壁前方不能形成类似的椭圆形区域。

根据模拟结果可知,当节理面倾角为 90°时,煤壁 Y 方向位移量随工作面推进发生了周期性的波动(图 3-22)。当工作面推进 48 m 时,工作面煤壁 Y 方向位移量最大,为 52 mm;当工作面推进 42 m 时,煤壁 Y 方向位移量最小,为 2.4 mm;在工作面推进期间,煤壁 Y 方向位移量平均为 11.03 mm。

工作面来压期间煤壁 Y 方向位移量平均为 17.6 mm,非来压期间煤壁 Y 方向位移量平均为 8.23 mm,两者的差值为 9.34 mm,约为后者的 114%。这表明在节理面倾角为 90°的条件下,工作面来压是造成煤壁失稳的主要因素。

3.2.3 煤层节理面倾角为 135°

当煤层节理面倾角为 135°时,煤体位移云图分布规律与煤层节理面倾角为 45°时基本相同(图 3-23)。

在工作面推进方向上,煤层上部煤体位移量略大于下部煤体位移量。在煤

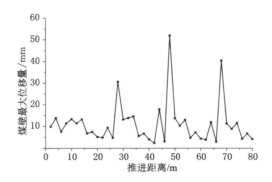

图 3-22   节理面倾角为 90°时煤壁 Y 方向位移量的变化规律

壁附近节理面两侧的煤体 Y 方向位移量有较大差别,所以同样可用节理面作为分界线,将煤壁前方分为 3 个区域:煤壁与煤壁前方第一个节理面之间为煤体活动剧烈区域,煤壁前方第一个节理面与第二个节理面之间为煤体活动的过渡区域,煤壁前方第二个节理面与第三个节理面之间为煤体活动的始动区域。所以,煤壁与第一个节理面之间是防治煤壁片帮的重点区域,第一个节理面和第三个节理面之间是预防片帮的关键区域。

在工作面面长方向上,煤壁 Y 方向位移等值线基本呈以工作面竖直中线为竖直对称轴的"U"形分布,同样从工作面中部向两端逐渐减小。当煤壁前方第一个节理面与煤壁存在交线时,该交线将工作面按位移量大小分成了上下明显的两部分:交线下方煤壁位移量及位移等值线密度均较大,交线上方位移量及等值线的密度均较小。因此,节理面和工作面的交线下部煤壁为易片帮区域,该区域的大小与节理面和煤壁的交线有关,交线的位置决定了工作面易片帮区域的大小。

在节理面倾角为 135°的条件下,当工作面推进 30 m、50 m 和 70 m 时,工作面基本顶在煤壁上方断裂,并产生明显的整体下沉(图 3-24)。由此可知,工作面推进 24 m、26 m、28 m、30 m、44 m、46 m、48 m、50 m、64 m、66 m、68 m 和 70 m 时,工作面处于基本顶周期来压影响阶段。

根据数值模型计算方案[图 2-16(c)]和计算结果(图 3-23)可知,当节理面倾角为 135°时,煤壁 Y 方向位移量和煤层节理面和工作面的交线位置随工作面推进发生了周期性的波动(图 3-25、表 3-5)。当工作面推进 46 m 时,工作面煤壁 Y 方向位移量最大,为 928 mm,此时交线位于煤壁的中部;当工作面推进 6 m 时,煤壁 Y 方向位移量最小,为 98 mm,此时煤层节理和工作面没有交线;在工作面推进期间,煤壁 Y 方向位移量平均约为 440 mm。

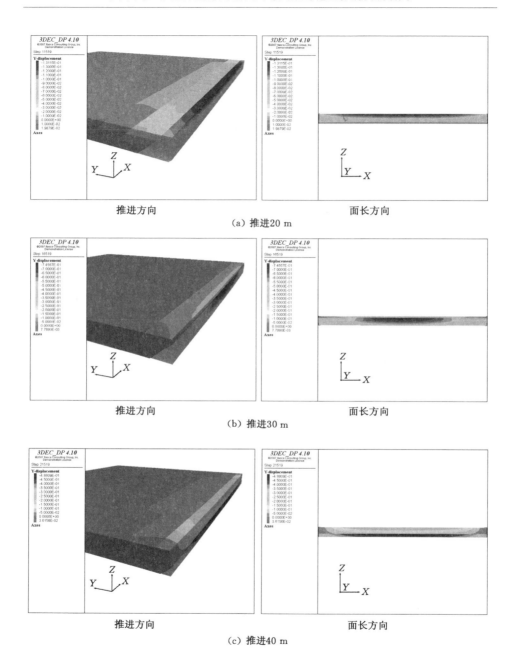

（a）推进20 m

（b）推进30 m

（c）推进40 m

图 3-23　节理面倾角 135°时煤体 Y 方向位移云图

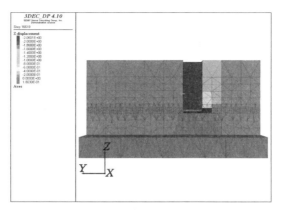

（a）推进30 m

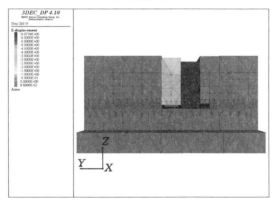

（b）推进50 m

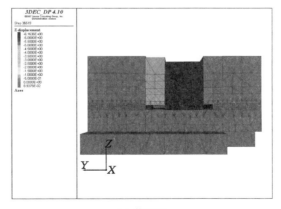

（c）推进70 m

图 3-24　节理面倾角为 135°时工作面顶板位移云图

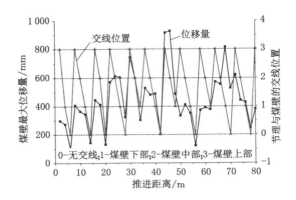

图 3-25　节理面倾角为 135°时煤壁 Y 方向位移量与交线位置的变化规律

表 3-5　节理面倾角为 135°时回采期间工作面煤壁 Y 方向位移量及交线位置

推进阶段	推进距离/m	煤壁 Y 方向位移量/mm	交线位置
非来压期间	开切眼	299	煤壁上部
	10	266	煤壁中部
	20	131	无交线
	40	488	煤壁下部
	60	392	煤壁中部
	80	381	煤壁上部
来压期间	24	615	煤壁中部
	26	605	煤壁下部
	28	326	无交线
	30	746	煤壁上部
	44	916	煤壁上部
	46	928	煤壁中部
	48	487	煤壁下部
	50	335	煤壁上部
	64	573	煤壁上部
	66	554	煤壁中部
	68	813	煤壁下部
	70	526	无交线

工作面来压期间煤壁 Y 方向位移量平均约为 619 mm,非来压期间煤壁 Y

方向位移量平均约为 363 mm,两者的差值约为 256 mm,约为后者的 70%。这表明在节理面倾角 135°的条件下,工作面来压对煤壁的稳定有较大影响。

在工作面非来压期间,煤壁 Y 方向位移量与交线位置之间的关系为:当煤层节理面和工作面的交线位于煤壁下部时,煤壁的 Y 方向位移量最大;当交线位于煤壁中部时,煤壁 Y 方向位移量次之;当交线位于上部时,煤壁 Y 方向位移量较小;当不存在交线时,煤壁的 Y 方向位移量最小。这是由于当煤层节理面和工作面存在交线时,由于节理面的存在使得交线上下两部分不是完整的一体,破坏了煤壁的完整性,使得煤壁 Y 方向位移量大于不存在交线时的煤壁 Y 方向位移量(表 3-5)。

当煤层节理面和工作面的交线位于煤壁下部时,节理面、煤壁与底板三者之间的煤体体积较小,该部分煤体只能"吸收"小部分采动应力,且煤壁前方煤体完整性较差,由于节理面的存在,该部分煤体在采动应力的作用下易被上部煤体挤出煤壁,所以当交线位于煤壁下部时,煤壁 Y 方向位移量最大。当交线位于煤壁上部时,节理面、煤壁与顶板三者之间的煤体体积较大,该部分煤体可"吸收"大部分采动应力,且煤壁前方煤体完整性较好,采动应力对煤壁的稳定影响较小,所以当交线位于煤壁下部时,煤壁 Y 方向位移量最小。

在工作面来压期间,工作面来压期间的煤壁 Y 方向位移量均大于非来压期间煤壁的 Y 方向位移量(表 3-5),这表明当煤层节理面倾角为 135°时,工作面周期来压对煤壁失稳的影响程度大于交线位置对煤壁失稳的影响程度。

3.2.4 模拟结果对比分析

根据上述数值模拟结果,统计不同节理面倾角条件下煤壁的 Y 方向位移量的相关参数(表 3-6),可得到节理面倾角对煤壁失稳的影响规律(图 3-26)。

表 3-6 不同节理面倾角条件下煤壁 Y 方向位移量参数

煤体性质	节理面数量	节理面参数	最大值/mm	最小值/mm	平均值/mm	来压期间平均值/mm	非来压期间平均值/mm	来压期间与非来压期间平均值差值占后者比例
硬煤	一组主节理面,$d=5$ m	$\alpha=45°,\beta=0°$	1 310	89.0	424.00	526.0	380.00	38%
		$\alpha=90°,\beta=0°$	52	2.4	11.03	17.6	8.23	114%
		$\alpha=135°,\beta=0°$	928	98.0	440.00	619.0	363.00	70%

在硬煤条件下,当节理面倾角为 90°时,煤壁 Y 方向位移量最小,而工作面来压期间与非来压期间平均 Y 方向位移量的差值最大。这表明在工作面开采

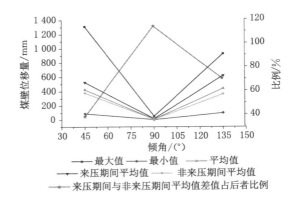

图 3-26　煤壁 Y 方向位移量随节理面倾角的变化规律

技术相同的条件下，当节理面倾角为 90°时，节理面与工作面不存在交线，煤壁的稳定性最好，工作面来压对煤壁稳定性的影响最大。

当节理面倾角为 45°时，煤壁 Y 方向位移量的最大值比节理面倾角为 135°时的大 41%；当节理面倾角为 135°时，工作面来压期间的平均 Y 方向位移量比节理面倾角为 45°时的大 18%，工作面来压期间与非来压期间 Y 方向位移量的差值也相对较大；其余参数则相差不大。这表明在节理面倾角为 45°的条件下，煤壁局部片帮失稳较严重；在节理面倾角为 135°的条件下，工作面来压对煤壁的影响程度相对较大。

根据上述分析可知，不同的夹角对工作面煤壁稳定性的影响不同。当工作面推进方向与节理面正交时，煤壁的整体稳定性最好，工作面来压对煤壁稳定性的影响最大。在工作面推进方向和节理面非正交的条件下，当夹角为锐角时，煤壁局部片帮失稳较严重；而夹角为钝角时，工作面来压期间煤壁稳定性相对较差。

可通过工作面煤壁 Y 方向位移量的大小，定义工作面易片帮区域，煤壁 Y 方向位移量较大的区域属于工作面易片帮区域。在煤层节理面与工作面推进方向正交的条件下，即节理面倾角为 90°时，节理面和工作面不存在交线，在工作面来压期间，工作面中上部的煤壁 Y 方向位移量最大，此时工作面中上部为易片帮区域；在工作面非来压期间，工作面两端的煤壁 Y 方向位移量最大，此时工作面两端为易片帮区域。由此可知，此时工作面易片帮区域受工作面顶板来压的影响。

在煤层节理面与工作面推进方向非正交的条件下，当节理面倾角为 45°时，节理面和工作面交线上方的煤壁 Y 方向位移量较大，即工作面推进方向和节理面的夹角呈锐角时，工作面易片帮区域均位于节理面和工作面交线的上方；当节理面倾角为 135°时，节理面和工作面交线下方的煤壁 Y 方向位移量较大，即工作面推进方向和节理面夹角呈钝角时,工作面易片帮区域均位于节理面和工作面交线的下方。

从现场煤壁稳定性控制的角度出发,当工作面易片帮区域位于煤壁下方时,有利于工作面端面围岩的控制,所以在布置工作面时应尽量使推进方向和煤层节理面的夹角呈钝角;若在工作面回采过程中,新揭露的节理裂隙与工作面推进方向的夹角不能满足要求时,应提前采取技术措施,确保煤壁的稳定性。值得注意的是,当工作面推进方向和煤层节理面的夹角为钝角时,工作面来压期间煤壁的稳定性较差,所以应加强工作面来压的预测和预报工作,及时做好工作面来压期间端面围岩稳定性的控制工作。

3.3 节理面方位角对煤壁稳定性影响的数值模拟

依据表 2-4 和图 2-19 所示的节理面倾角的产状,研究分析硬煤条件下节理面方位角对煤壁稳定性的影响规律。

3.3.1 节理面方位角为 45°

在工作面推进方向上(图 3-27),节理面与煤体在走向方向的第一条交线为煤体 Y 方向位移量大小的分界线,第一条交线和工作面之间的煤体 Y 方向位移量较大,而且在工作面前方下部煤体 Y 方向位移量略大于上部煤体 Y 方向位移量。

在工作面面长方向上(图 3-27),工作面前方数条节理面和工作面存在交线,而且交线与面长方向(X 正向)的夹角为 135°。任意两相邻交线之间的煤壁位移分布规律基本一致,两相邻交线和工作面顶底板形成一平行四边形,平行四边形的左上角处煤壁 Y 方向位移量最大,右下角煤壁 Y 方向位移量最小,在平行四边形内部煤壁位移从平行四边形的左上角到右下角逐渐减小。这是由于两相邻节理面间的煤体近似为平行六面体,该部分煤体左上角为一锐角,节理面切割的煤体块度较小,故而该处 Y 方向位移量较大。这表明在煤层节理面方位角为 45° 的条件下,由节理面切割成的条块煤体的稳定性决定了煤壁的稳定性。因此,煤层节理面和工作面交线的右上方为易片帮区域。

在节理面方位角为 45° 的条件下,当工作面推进 30 m、50 m 和 70 m 时,工作面基本顶在煤壁上方断裂,并产生明显的整体下沉(图 3-28)。由此可知,工作面推进 24 m、26 m、28 m、30 m、44 m、46 m、48 m、50 m、64 m、66 m、68 m 和 70 m 时,工作面处于基本顶周期来压影响阶段。

根据模拟结果可知,当节理面方位角为 45° 时,煤壁 Y 方向位移量发生了周期性的波动(图 3-29)。当工作面推进 48 m 时,工作面煤壁 Y 方向位移量最大,

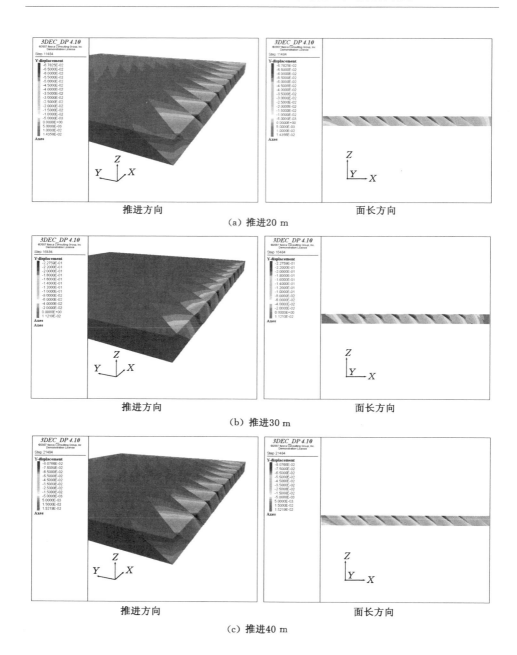

（a）推进20 m

（b）推进30 m

（c）推进40 m

图 3-27　节理面方位角为 45°时煤体 Y 方向位移云图

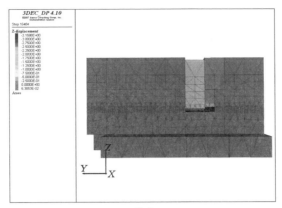

（a）推进30 m

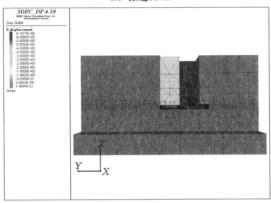

（b）推进50 m

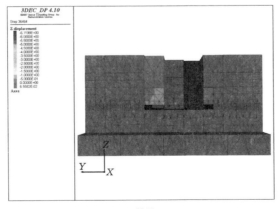

（c）推进70 m

图 3-28　节理面方位角为 45°时工作面顶板位移云图

为 288 mm；当工作面推进 4 m 时，煤壁 Y 方向位移量最小，为 47 mm；在工作面推进期间，煤壁 Y 方向位移量平均为 97 mm。

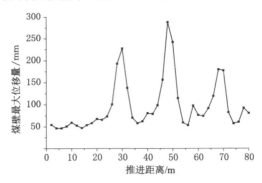

图 3-29　节理面方位角为 45°时煤壁 Y 方向位移量的变化规律

工作面来压期间煤壁 Y 方向位移量平均为 162 mm，非来压期间煤壁 Y 方向位移量平均为 69 mm，两者的差值为 93 mm，约为后者的 134%。这表明在节理面方位角 45°的条件下，工作面来压是造成煤壁失稳的主要因素。

3.3.2　节理面方位角为 135°

当煤层节理面方位角为 135°时，煤体位移云图分布规律与煤层节理面方位角为 45°时基本相同（图 3-30）。

在工作面推进方向上，节理面与煤体在走向方向的第一条交线为煤体 Y 方向位移量大小的分界线，第一条交线和工作面之间的煤体 Y 方向位移量较大，而且在工作面前方上部煤体 Y 方向位移量略大于下部煤体 Y 方向位移量。

在工作面面长方向上，工作面前方数条节理面和工作面存在交线，而且交线与面长方向的夹角为 135°。任意两相邻交线之间的煤壁位移分布规律基本一致，两相邻交线和工作面顶底板形成一平行四边形，平行四边形的右下角处煤壁 Y 方向位移量最大，左上角煤壁 Y 方向位移量最小，在平行四边形内部煤壁位移从平行四边形的右下角到左上角逐渐减小。这是由于两相邻节理面间之间的煤体近似为平行六面体，该部分煤体右下角为一锐角，节理面切割的煤体块度较小，故而该处 Y 方向位移量较大。这同样表明在煤层节理面夹角为 135°的条件下，由节理面切割成的条块煤体的稳定性决定了煤壁的稳定性。因此，煤层节理面和工作面交线的右下方为易片帮区域。

在节理面方位角为 135°的条件下，当工作面推进 30 m、50 m 和 70 m 时，工作面基本顶在煤壁上方断裂，并产生明显的整体下沉（图 3-31）。由此可知，工

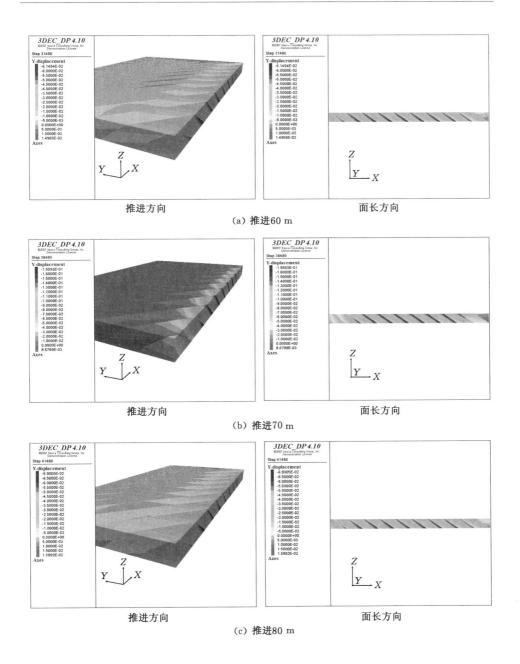

（a）推进60 m

（b）推进70 m

（c）推进80 m

图 3-30 节理面方位角为135°时煤体 Y 方向位移云图

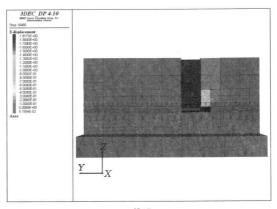

（a）推进30 m

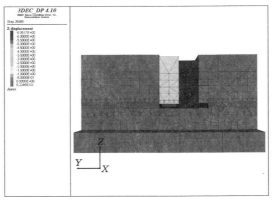

（b）推进50 m

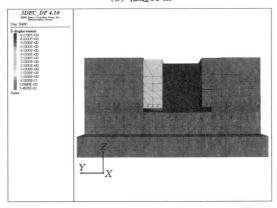

（c）推进70 m

图 3-31　节理面方位角为135°时工作面顶板位移云图

作面推进 24 m、26 m、28 m、30 m、44 m、46 m、48 m、50 m、64 m、66 m、68 m 和 70 m 时,工作面处于基本顶周期来压影响阶段。

根据模拟结果可知,当节理面方位角为 135°时,煤壁 Y 方向位移量发生了周期性的波动(图 3-32)。当工作面推进 68 m 时,工作面煤壁 Y 方向位移量最大,为 215 mm;当工作面推进 4 m 时,煤壁 Y 方向位移量最小,为 47 mm;在工作面推进期间,煤壁 Y 方向位移量平均为 87 mm。

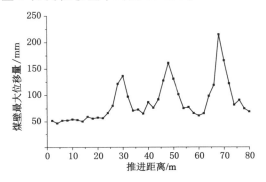

图 3-32　节理面方位角为 135°时煤壁 Y 方向位移量的变化规律

工作面来压期间煤壁 Y 方向位移量平均为 126 mm,非来压期间煤壁 Y 方向位移量平均为 70 mm,两者的差值为 56 mm,约为后者的 80%。这表明在节理面方位角 135°的条件下,工作面来压对煤壁稳定性有一定的影响。

3.3.3　模拟结果对比分析

根据上述数值模拟结果,统计硬煤条件下,当节理面方位角不同时煤壁的 Y 方向位移量的相关参数(表 3-7),可得到节理面方位角对煤壁失稳的影响规律(图 3-33)。

表 3-7　硬煤条件下不同节理面方位角时煤壁 Y 方向位移量参数

煤体性质	节理面数量	节理面参数	最大值/mm	最小值/mm	平均值/mm	来压期间平均值/mm	非来压期间平均值/mm	来压期间与非来压期间平均值差值占后者比例
硬煤	一组主节理面,$d=5$ m	$\alpha=45°,\beta=0°$	1 310	89	424	526	380	38%
		$\alpha=45°,\beta=45°$	288	47	97	162	69	134%
		$\alpha=45°,\beta=135°$	215	47	87	126	70	80%

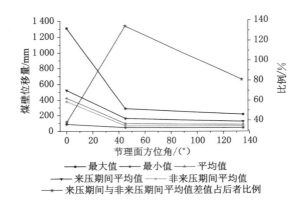

图 3-33　硬煤条件下煤壁 Y 方向位移量随节理面方位角的变化规律

　　在硬煤以及节理面倾角为 45°的条件下，当节理面方位角为 0°时，即煤层节理面和工作面平行时，煤壁 Y 方向位移量最大；而工作面来压期间与非来压期间平均 Y 方向位移量的差值最小；当节理面方位角为 45°和 135°时，煤壁 Y 方向位移量均相对较小且两者相差不大。这表明在工作面的开采技术相同的条件下，当节理面和工作面平行时，煤壁的稳定性最差，工作来压对煤壁的稳定性影响最小；当节理面和工作面斜交时，煤壁稳定性相对较好，工作来压对煤壁的稳定性影响较大。

　　在模拟过程中，将煤壁 Y 方向位移量较大的区域定义为工作面易片帮区域。在不同的方位角条件下，工作面易片帮区域均位于节理面和工作面的交线附近；当节理面方位角为 0°时，节理面和工作面的交线为一条直线，易片帮区域为交线上方的整体煤壁。当节理面方位角为 45°和 135°时，节理面和工作面的存在多条交线，工作面易片帮区域呈离散分布；当节理面方位角为 45°时，工作面易片帮区域位于交线的右上方；当节理面方位角为 135°时，工作面易片帮区域位于交线的左下方。

　　由几何关系可知，当节理面方位角从 0°逐渐增加到 180°时，节理面和工作面交线的数量将呈现先增加后减小的变化趋势。根据上述分析可以推断，在煤层节理面倾角为 45°的条件下，当节理面方位角为锐角时，工作面易片帮区域位于煤壁上部；随着方位角的增大，工作面易片帮区域从连续分布逐渐过渡到离散分布，且离散分布的易片帮区域逐渐减少。当节理面方位角为钝角时，工作面易片帮区域位于煤壁下部；随方位角的增大，工作面易片帮区域逐渐增加，最终呈连续分布。

　　根据 3DEC 模拟软件中模型节理面参数的设置，当节理面方位角为 180°、倾角为 45°时,该节理面在数值模型中的表现和方位角为 0°、倾角为 135°的节理面相同。由此可知,当节理面方位角为 180°时,工作面易片帮区域为交线下方的整体煤壁,由此表明上文推断是合理的。

由上述分析可知,在煤层节理面倾斜的条件下,节理面和工作面平行时煤壁的稳定性最差,在布置工作面时应尽量使节理面和工作面面长方向形成一定的夹角,避免节理面和工作面平行;此外,从现场围岩控制的角度出发,应尽量使工作面易片帮区域位于煤壁下部,所以在条件允许的情况下,应尽量使节理面和工作面推进方向的夹角为钝角。若在工作面回采过程中,新揭露的节理裂隙不能满足要求时,应提前采取技术措施,确保煤壁的稳定性。当节理面和工作面推进方向存在一定的角度时,工作面来压是煤壁失稳的重要影响因素,所以应加强工作面来压期间煤壁稳定性的控制。

3.4 节理面间距对煤壁稳定性影响的数值模拟

依据表 2-5 和图 2-22 所示的节理面倾角的产状,研究分析节理面间距对煤壁稳定性的影响规律。

3.4.1 煤层次节理面倾角为 45°

在煤层次节理面倾角为 45°的条件下,设置 2 类次节理面的间距,分别为 1.41 m 和 2 m,可横向对比分析不同次节理面间距条件下煤壁的稳定性。

3.4.1.1 次节理面间距为 1.41 m

在工作面推进方向上(图 3-34),煤层上下部分煤体 Y 方向位移量略有差别,在煤壁附近次节理面两侧的煤体 Y 方向位移量有较大差别,所以可用次节理面作为分界线,将煤壁前方分为 3 个区域:煤壁与煤壁前方第一个次节理面之间为煤体活动的剧烈区域,煤壁前方第一个次节理面与第三个次节理面之间为煤体活动的过渡区域,煤壁前方第三个次节理面与第五个次节理面之间为煤体活动的始动区域。所以,煤壁与前方第一个次节理面之间是防治煤壁片帮的重点区域,第一个次节理面与第五个次节理面之间是预防片帮的关键区域。

在工作面面长方向上(图 3-34),就完整的煤壁而言,煤壁位移等值线呈以工作面竖直中线为对称轴的"∩"形分布,从工作面中部向两端逐渐减小。在煤层次节理面的倾角为 45°、间距为 1.41 m 的条件下,煤壁前方的 2 个次节理面和工作面存在交线[图 2-22(a)]。由于交线的存在,煤壁位移云图不连续,等值线在交线处断开,交线上方煤壁 Y 方向位移量及位移等值线密度均大于其下方的 Y 方向位移量及等值线密度,所以第一条交线上部煤壁为易片帮区域。

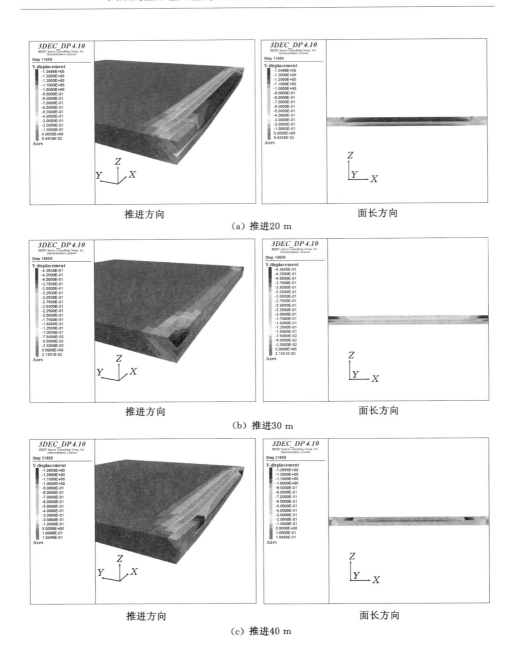

（a）推进20 m

（b）推进30 m

（c）推进40 m

图 3-34　次节理面倾角为 45°、间距为 1.41 m 时煤体 Y 方向位移云图

在煤层次节理面倾角为 45°间距为 1.41 m 的条件下,当工作面推进 30 m、50 m 和 70 m,工作面基本顶在煤壁上方断裂,产生了明显的整体下沉(图 3-35)。

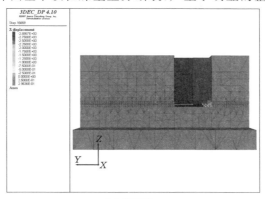

(a) 推进30 m

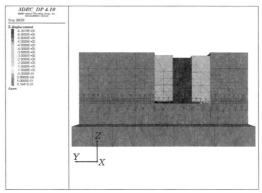

(b) 推进50 m

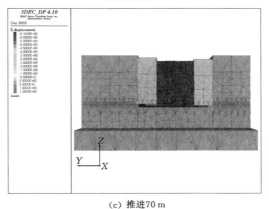

(c) 推进70 m

图 3-35　次节理面倾角为 45°、间距为 1.41 m 时工作面顶板位移云图

由此可知,当工作面推进 24 m、26 m、28 m、30 m、44 m、46 m、48 m、50 m、64 m、66 m、68 m 和 70 m 时,工作面处于基本顶周期来压阶段。

随工作面的推进,煤壁前方 2 个次节理面和工作面存在交线,顶板、第一条交线、第二条交线、底板四者相邻之间的距离均为 2 m,且随着工作面的推进,交线在工作面的位置不发生改变[图 2-22(a)]。根据模拟结果可知,当次节理面倾角为 45°、间距为 1.41 m 时,煤壁 Y 方向位移量发生了周期性的波动(图 3-36)。当工作面推进 26 m 时,工作面煤壁 Y 方向位移量最大,为 2 376 mm;当工作面推进 50 m 时,煤壁 Y 方向位移量最小,为 412 mm;在工作面推进期间,煤壁 Y 方向位移量平均为 1 079 mm。

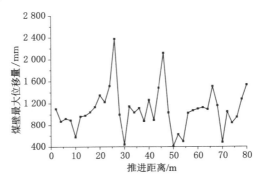

图 3-36　次节理面倾角为 45°、间距为 1.41 m 时煤壁 Y 方向位移量的变化规律

工作面来压期间煤壁 Y 方向位移量平均为 1 219 mm,非来压期间煤壁 Y 方向位移量平均为 1 018 mm,两者的差值为 201 mm,约为后者的 20%。这表明在次节理面倾角为 45°、间距为 1.41 m 的条件下,工作面来压对煤壁的稳定性影响较小。

3.4.1.2　次节理面间距为 2 m

当煤层次节理面倾角为 45°、间距为 2 m 时,煤体位移云图分布规律与次节理面间距为 1.41 m 时基本相同(图 3-37)。

在工作面推进方向上,煤层上下部分煤体 Y 方向位移量略有差别,而在煤壁附近次节理面两侧的煤体 Y 方向位移量有较大差别,所以可用次节理面作为分界线,将煤壁前方分为 3 个区域:煤壁与煤壁前方第一个次节理面之间为煤体活动的剧烈区域,煤壁前方第一个次节理面与第三个次节理面之间为煤体活动的过渡区域,煤壁前方第三个次节理面与第五个次节理面之间为煤体活动的始动区域。所以,煤壁与前方第一个次节理面之间是防治煤壁片帮的重点区域,第一个次节理面与第五个次节理面之间是预防片帮的关键区域。

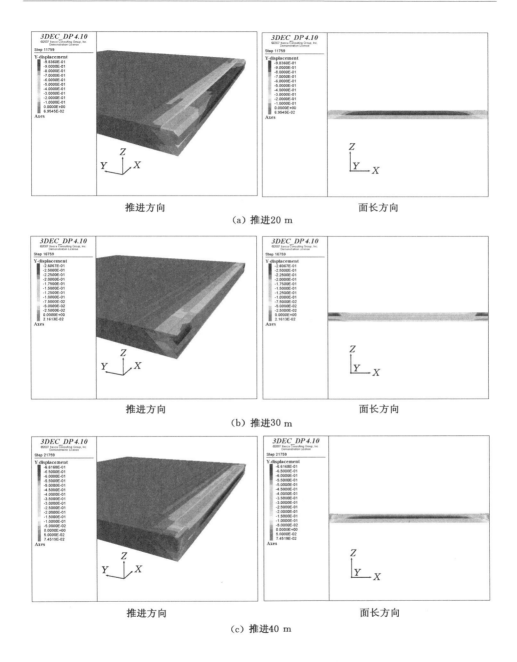

（a）推进20 m

（b）推进30 m

（c）推进40 m

图 3-37   次节理面倾角为 45°、间距为 2 m 时煤体 Y 方向位移云图

在工作面面长方向上，就完整的煤壁而言，煤壁位移等值线呈以工作面竖直中线为竖直对称轴的"∩"形分布，从工作面中部向两端逐渐减小。在煤层次节理面的倾角为45°、间距为2 m的条件下，煤壁前方的2个次节理面和工作面存在交线[图2-22(b)]。由于交线的存在，煤壁位移云图不连续，等值线在交线处断开，交线上方煤壁Y方向位移量及位移等值线密度均大于其下方的Y方向位移量及等值线密度。因此，第一条交线上部煤壁为易片帮区域。

在煤层次节理面倾角为45°、间距为2 m的条件下，当工作面推进30 m、50 m和70 m，工作面基本顶在煤壁上方断裂，产生了明显的整体下沉（图3-38）。由此可知，当工作面推进24 m、26 m、28 m、30 m、44 m、46 m、48 m、50 m、64 m、66 m、68 m和70 m时，工作面处于基本顶周期来压阶段。

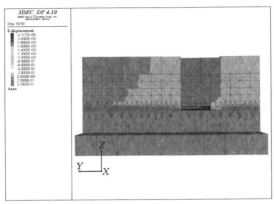

（a）推进30 m

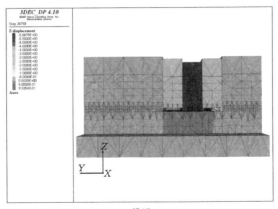

（b）推进50 m

图3-38　次节理面倾角为45°、间距为2 m时工作面顶板位移云图

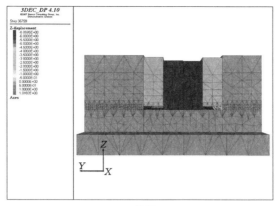

(c) 推进70 m

图 3-38(续)

随工作面的推进,煤壁前方 2 个次节理面和工作面存在交线,且 2 条交线在工作面的位置随着工作面的推进不断发生变化[图 2-22(b)]。根据模拟结果可知,当次节理面倾角为 45°、间距为 2 m 时,煤壁 Y 方向位移量发生了周期性的波动(图 3-39)。当工作面推进 48 m 时,工作面煤壁 Y 方向位移量最大,为2 318 mm;当工作面推进 30 m 时,煤壁 Y 方向位移量最小,为 261 mm;在工作面推进期间,煤壁 Y 方向位移量平均为 962 mm。

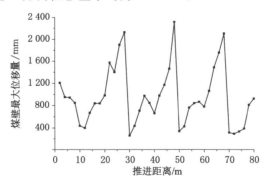

图 3-39 次节理面倾角为 45°、间距为 2 m 时煤壁 Y 方向位移量的变化规律

工作面来压期间煤壁 Y 方向位移量平均为 1 388 mm,非来压期间煤壁 Y 方向位移量平均为 779 mm,两者的差值为 609 mm,约为后者的 78%。这表明在次节理面倾角为 45°、间距为 2 m 的条件下,工作面来压对煤壁的稳定性影响相对较大。

3.4.2 煤层次节理面倾角为 135°

在煤层次节理面倾角为 135° 的条件下,设置两类次节理面的间距,分别为 1.41 m 和 2 m,可横向对比分析不同次节理面间距条件下煤壁的稳定性。

3.4.2.1 次节理面间距为 1.41 m

在工作面推进方向上(图 3-40),煤层上下部分煤体 Y 方向位移量略有差别,而在煤壁附近次节理面两侧的煤体 Y 方向位移量有较大差别,所以可用次节理面作为分界线,将煤壁前方分为 3 个区域:煤壁与煤壁前方第一个次节理面之间为煤体活动的剧烈区域,煤壁前方第一个次节理面与第三个次节理面之间为煤体活动的过渡区域,煤壁前方第三个次节理面与第五个次节理面之间为煤体活动的始动区域。所以,煤壁与前方第一个次节理面之间是防治煤壁片帮的重点区域,第一个次节理面与第五个次节理面之间是预防片帮的关键区域。

在工作面面长方向上(图 3-40),就完整的煤壁而言,煤壁位移等值线呈以工作面竖直中线为对称轴的"U"形分布,从工作面中部向两端逐渐减小。在煤层次节理面的倾角为 135°、间距为 1.41 m 的条件下,煤壁前方的 2 个次节理面和工作面存在交线[图 2-22(c)]。由于交线的存在,煤壁位移云图不连续,等值线在交线处断开,交线下方煤壁 Y 方向位移量及位移等值线密度均大于其上方的 Y 方向位移量及等值线密度。因此,第二条交线下部煤壁为易片帮区域。

在煤层次节理面倾角为 135°、间距为 1.41 m 的条件下,当工作面推进 30 m、50 m 和 70 m,工作面基本顶在煤壁上方断裂,产生了明显的整体下沉(图 3-41)。由此可知,当工作面推进 24 m、26 m、28 m、30 m、44 m、46 m、48 m、50 m、64 m、66 m、68 m 和 70 m 时,工作面处于基本顶周期来压阶段。

随工作面的推进,煤壁前方 2 个次节理面和工作面存在交线,顶板、第一条交线、第二条交线、底板四者相邻之间的距离均为 2 m,且随着工作面的推进,交线在工作面的位置不发生改变[图 2-22(c)]。根据模拟结果可知,当次节理面倾角为 135°、间距为 1.41 m 时,煤壁 Y 方向位移量发生了周期性的波动(图 3-42)。当工作面推进 26 m 时,工作面煤壁 Y 方向位移量最大,为 2 324 mm;当工作面推进 70 m 时,煤壁 Y 方向位移量最小,为 549 mm;在工作面推进期间,煤壁 Y 方向位移量平均为 1 125 mm。

工作面来压期间煤壁 Y 方向位移量平均为 1 316 mm,非来压期间煤壁 Y 方向位移量平均为 1 043 mm,两者的差值为 273 mm,约为后者的 26%。这表明在次节理面倾角为 135°、间距为 1.41 m 的条件下,工作面来压对煤壁的稳定

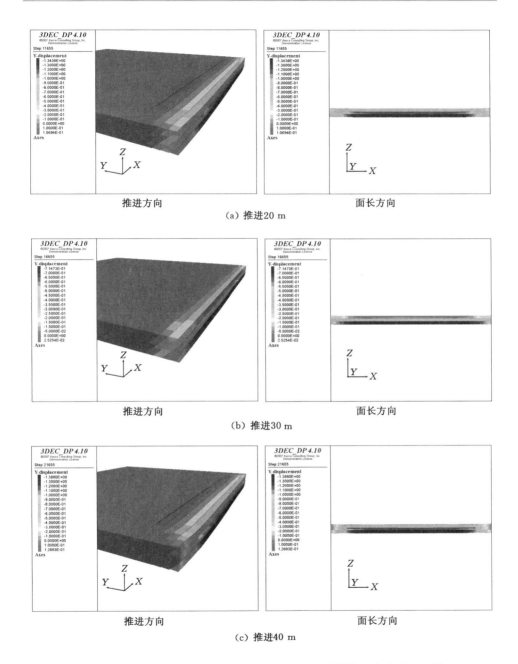

（a）推进20 m

（b）推进30 m

（c）推进40 m

图 3-40 次节理面倾角为 135°、间距为 1.41 m 时煤体 Y 方向位移云图

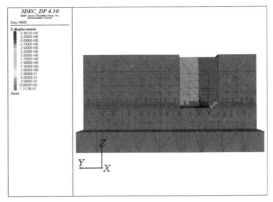

（a）推进30 m

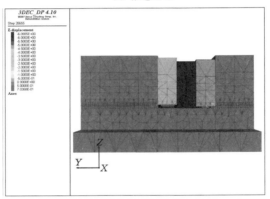

（b）推进50 m

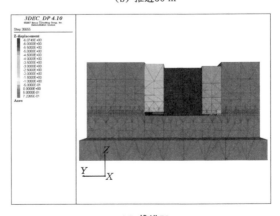

（c）推进70 m

图 3-41　次节理面倾角为 135°、间距为 1.41 m 时工作面顶板位移云图

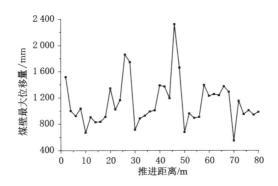

图 3-42　次节理面倾角为 135°、间距为 1.41 m 时煤壁 Y 方向位移量的变化规律

性影响较小。

3.4.2.2　次节理面间距为 2 m

当煤层次节理面倾角为 135°、间距为 2 m 时,煤体位移云图分布规律与次节理面间距为 1.41 m 时基本相同(图 3-43)。

在工作面推进方向上,煤层上下部分煤体 Y 方向位移量略有差别,而在煤壁附近次节理面两侧的煤体 Y 方向位移量有较大差别,所以可用次节理面作为分界线,将煤壁前方分为 3 个区域:煤壁与煤壁前方第一个次节理面之间为煤体活动的剧烈区域,煤壁前方第一个次节理面与第三个次节理面之间为煤体活动的过渡区域,煤壁前方第三个次节理面与第五个次节理面之间为煤体活动的始动区域。所以,煤壁与前方第一个次节理面之间是防治煤壁片帮的重点区域,第一个次节理面与第五个次节理面之间是预防片帮的关键区域。

在工作面面长方向上,就完整的煤壁而言,煤壁位移等值线呈以工作面竖直中线为对称轴的"U"形分布,从工作面中部向两端逐渐减小。在煤层次节理面的倾角为 135°、间距为 2 m 的条件下,煤壁前方的 2 个次节理面和工作面存在交线[图 2-22(d)]。由于交线的存在,煤壁位移云图不连续,等值线在交线处断开,交线下方煤壁 Y 方向位移量及位移等值线密度均大于其上方的 Y 方向位移量及等值线密度。因此,第二条交线下部煤壁为易片帮区域。

在煤层次节理面倾角为 45°、间距为 2 m 的条件下,当工作面推进 30 m、50 m和 70 m,工作面基本顶在煤壁上方断裂,产生了明显的整体下沉(图 3-44)。由此可知,当工作面推进 24 m、26 m、28 m、30 m、44 m、46 m、48 m、50 m、64 m、66 m、68 m 和 70 m 时,工作面处于基本顶周期来压阶段。

随工作面的推进,煤壁前方 2 个次节理面和工作面存在交线,且 2 条交线在

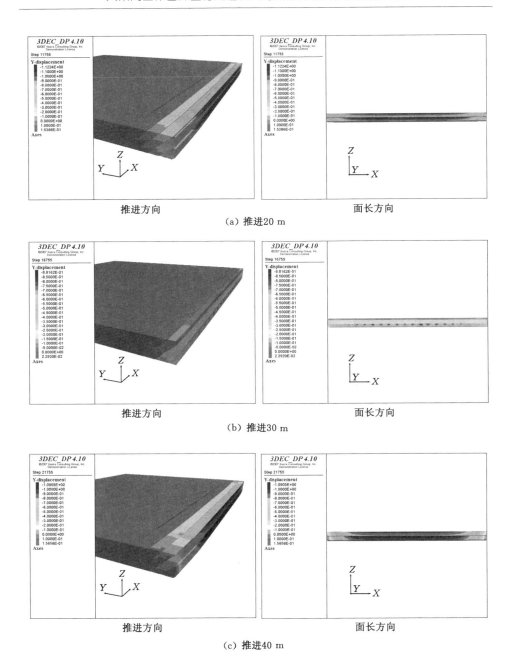

（a）推进20 m

（b）推进30 m

（c）推进40 m

图 3-43　次节理面倾角为 135°、间距为 2 m 时煤体 Y 方向位移云图

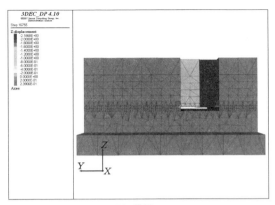

（a）推进30 m

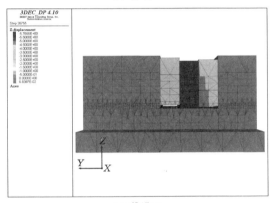

（b）推进50 m

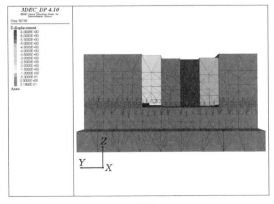

（c）推进70 m

图 3-44　次节理面倾角为 135°、间距为 2 m 时工作面顶板位移云图

工作面的位置随着工作面的推进不断发生变化［图 2-22（d）］。根据模拟结果可知，当次节理面倾角为 45°、间距为 2 m 时，煤壁 Y 方向位移量发生了周期性的波动（图 3-45）。当工作面推进 48 m 时，工作面煤壁 Y 方向位移量最大，为 2 915 mm；当工作面推进 52 m 时，煤壁 Y 方向位移量最小，为 386 mm；在工作面推进期间，煤壁 Y 方向位移量平均为 1 081 mm。

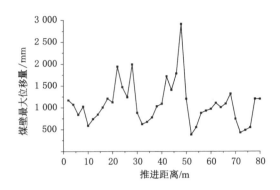

图 3-45　次节理面倾角为 135°、间距为 2 m 时煤壁 Y 方向位移量的变化规律

工作面来压期间煤壁 Y 方向位移量平均为 1 422 mm，非来压期间煤壁 Y 方向位移量平均为 935 mm，两者的差值约为 487 mm，约为后者的 52%。这表明在次节理面倾角为 135°、间距为 2 m 的条件下，工作面来压对煤壁的稳定性的影响相对较大。

3.4.3　模拟结果对比分析

煤层内节理面间距的大小表明煤层原生节理裂隙对煤体的切割破碎程度。在节理面方位角和倾角不同的条件下，节理裂隙间距的不同实质上是破碎单元块体的大小和几何形状的不同。因此，在采动应力作用下，工作面煤壁的变形位移具有不同的特点。

3.4.3.1　节理面倾角为 45°

根据上述数值模拟结果，统计节理面倾角为 45°的条件下，当节理面间距不同时煤壁的 Y 方向位移量的相关参数（表 3-8），可得到节理面方位角对煤壁失稳的影响规律（图 3-46）。

表 3-8　节理面倾角为 45°时不同节理面间距条件下煤壁 Y 方向位移量参数

煤体性质	节理面数量	节理面参数	最大值/mm	最小值/mm	平均值/mm	来压期间平均值/mm	非来压期间平均值/mm	来压期间与非来压期间平均值差值占后者比例
硬煤	一组主节理面，$d=5$ m	$\alpha=45°,\beta=0°$	1 310	89	424	526	380	38%
中硬煤	一组主节理面和一组次节理面，主节理面参数：$\alpha=90°,\beta=0°$，$d=2$ m	$\alpha=45°,\beta=0°$，$d=1.41$ m	2 376	412	1 079	1 219	1 018	20%
		$\alpha=45°,\beta=0°$，$d=2$ m	2 318	261	962	1 388	779	78%

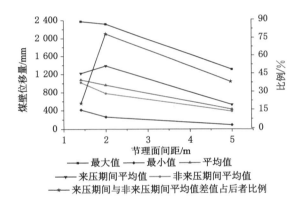

图 3-46　节理面倾角为 45°时煤壁 Y 方向位移量随（次）节理面间距的变化趋势

在煤层节理面倾角为 45°的条件下，当节理面间距为 5 m 时，煤壁 Y 方向位移量最小；当节理面间距为 2 m 时，工作面来压期间 Y 方向位移量的平均值最大；当节理面间距为 1.41 m 时，工作面推进期间及非来压期间 Y 方向位移量的平均值均最大，工作面来压期间与非来压期间煤壁 Y 方向位移量的差值最小。这表明在工作面的开采技术相同的条件下，节理面间距越小，煤壁的稳定性越差，受工作面来压的影响越小。

在模拟过程中，将煤壁 Y 方向位移量较大的区域定义为工作面易片帮区域。在节理面倾角为 45°的条件下，煤层节理面与工作面交线上方的煤壁 Y 方向位移量均相对较大，即此时工作面易片帮区域位于节理面和工作面交线的上方。

当节理面间距为 5 m 时,节理面与工作面存在一条交线,且交线在工作面的位置随工作面的推进不断发生变化;当节理面间距为 2 m 时,节理面与工作面存在两条交线,且交线在工作面的位置随工作面的推进不断发生变化;当节理面间距为 1.41 m 时,节理面与工作面存在两条交线,且交线在工作面的位置随工作面的推进不发生变化。这表明,随节理面间距的减小,工作面易片帮区域的范围逐渐增大。

值得注意的是,当节理面间距为 2 m 时,工作面来压期间的平均位移量最大,这是由于在工作面来压期间,受节理面切割的影响,在煤壁上部节理面切割的煤体块度均相对较小,这也从另一个角度表明了节理面在工作面切割煤体的块度是影响煤壁稳定性的重要因素。

3.4.3.2 节理面倾角为 135°

根据上述数值模拟结果,统计节理面倾角为 135° 的条件下,当节理面间距不同时煤壁的 Y 方向位移量的相关参数(表 3-9),可得到节理面方位角对煤壁失稳的影响规律(图 3-47)。

表 3-9　节理面倾角为 135° 时不同节理面间距条件下煤壁 Y 方向位移量参数

煤体性质	节理面数量	节理面参数	最大值/mm	最小值/mm	平均值/mm	来压期间平均值/mm	非来压期间平均值/mm	来压期间与非来压期间平均值差值占后者比例
硬煤	一组主节理面,$d=5$ m	$\alpha=135°,\beta=0°$	928	98	440	619	363	70%
中硬煤	一组主节理面和一组次节理面,主节理面参数:$\alpha=90°,\beta=0°$,$d=2$ m	$\alpha=135°,\beta=0°$,$d=1.41$ m	2 324	549	1 125	1 316	1 043	26%
		$\alpha=135°,\beta=0°$,$d=2$ m	2 915	386	1 081	1 422	935	52%

在煤层节理面为 135° 的条件下,当节理面间距为 5 m 时,煤壁 Y 方向位移量最小,工作面来压期间与非来压期间煤壁 Y 方向位移量的差值也最大;当节理面间距为 2 m 时,工作面来压期间 Y 方向位移量的平均值最大;当节理面间距为 1.41 m 时,工作面推进期间及非来压期间 Y 方向位移量的平均值均最大。这表明在工作面的开采技术相同的条件下,节理面间距越小,煤壁的稳定性越差,受工作面来压的影响越小。

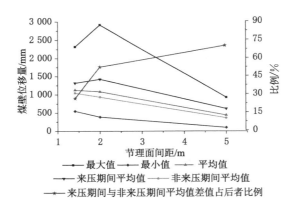

图 3-47　节理面倾角为 135°时煤壁 Y 方向位移量随节理面间距的变化趋势

在模拟过程中,将煤壁 Y 方向位移量较大的区域定义为工作面易片帮区域。在节理面倾角为 135°的条件下,煤层节理面与工作面交线上方的煤壁 Y 方向位移量均相对较大,即此时工作面易片帮区域位于节理面和工作面交线的下方。

当节理面间距为 5 m 时,节理面与工作面存在一条交线,且交线在工作面的位置随工作面的推进不断发生变化;当节理面间距为 2 m 时,节理面与工作面存在两条交线,且交线在工作面的位置随工作面的推进不断发生变化;当节理面间距为 1.41 m 时,节理面与工作面存在两条交线,且交线在工作面的位置随工作面的推进不发生变化。这表明,随节理面间距的减小,煤壁易片帮区域的范围逐渐增大。

值得注意的是,当节理面间距为 2 m 时,工作面来压期间的平均位移量最大,这是由于在工作面来压期间,受节理面切割的影响,在煤壁下部节理面切割的煤体块度均相对较小,这也从另一个角度表明了节理面在工作面切割煤体的块度是影响煤壁稳定性的重要因素。

由上述分析可知,在煤层节理面倾斜的条件下,节理面间距越小,煤壁的稳定性越差,工作面来压对煤壁的稳定性影响也相对较小。从现场煤壁稳定性控制的角度,应采取超前注浆、补打木锚杆或玻璃钢锚杆等煤壁加固技术措施,以达到增大煤层节理面的间距的目的,从而确保煤壁的稳定。

4 松软煤层煤壁的位移失稳规律

煤层内节理裂隙面的产状对煤壁的稳定性影响较大,而在松软煤层内节理裂隙面的密度较大且优势产状不明显,通过模拟所有节理裂隙面,在实际操作和技术层面是不可行的。为分析松软煤层条件下大采高综采工作面的稳定性,在模拟过程中将节理裂隙融入煤体的力学参数,而不直接分析煤层内部节理裂隙面产状的影响,分析松软煤层条件下不同煤体力学参数对煤壁稳定性的影响规律。

4.1 煤体黏聚力对煤壁稳定性影响的数值模拟

4.1.1 煤体黏聚力为 0.03 MPa

在工作面推进方向上(图 4-1),工作面两端部煤体位移等值线近似呈弧线形,中间大部分近似呈直线形。煤体位移等值线的密度随煤体至煤壁距离的增大而减小,至煤壁的距离越小,煤体位移等值线密度越大;至煤壁的距离越大,煤壁位移等值线密度越小。煤壁前方一定范围内的煤体 Y 方向位移量较大,定义为煤体活动的剧烈区域;在煤体活动剧烈区域前方,煤体 Y 方向位移量相对较小,定义为煤体活动的稳定区域。在不同推进距离条件下,煤体活动剧烈区域的尺寸不同,其中最大尺寸为 6 m,最小尺寸为 2 m。从防控煤壁片帮的角度出发,煤体活动剧烈区域是防治煤壁片帮的重点区域;而从安全性的角度考虑,故而应将工作面回采期间预防煤壁片帮的尺寸定为煤壁活动剧烈区域的最大值 6 m。

在工作面面长方向上(图 4-1),煤壁位移基本呈现中部较大两端部较小的变化趋势。Y 方向位移量等值线近似呈同焦点的椭圆形分布,随着椭圆的短轴和长轴的增加,煤体 Y 方向位移量逐渐减小。由于工作面的长度远大于工作面的采高,所以工作面左右两端部的等值线并不连续,近似呈圆弧形分布,并且左右两端 Y 方向位移量对称相等。煤壁的最大位移量均分散位于煤壁中部,由此可知,工作面中部则是控制煤壁片帮的关键区域。

在煤体黏聚力为 0.03 MPa 的条件下,当工作面推进 30 m、50 m 和 70 m 时,工作面基本顶在煤壁上方断裂,并产生明显的整体下沉(图 4-2)。由此可知,工作面推进 24 m、26 m、28 m、30 m、44 m、46 m、48 m、50 m、64 m、66 m、68 m 和 70 m

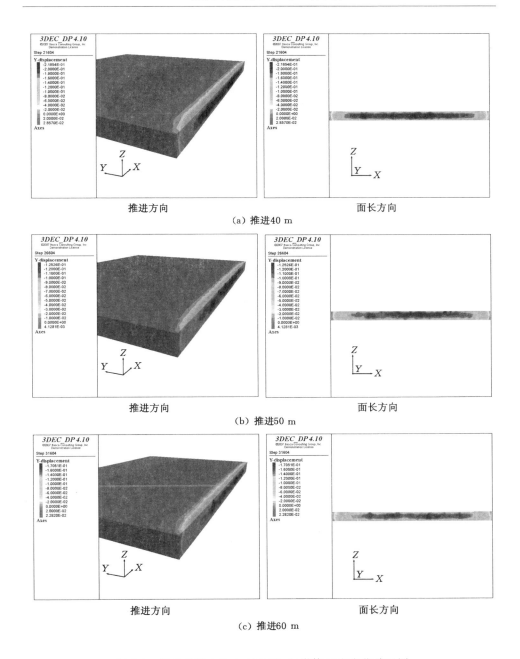

（a）推进40 m

（b）推进50 m

（c）推进60 m

图 4-1　煤体黏聚力为 0.03 MPa 时煤体 Y 方向位移云图

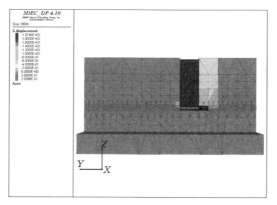

（a）推进30 m

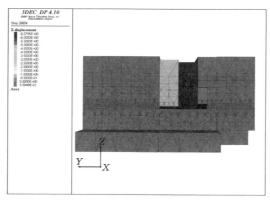

（b）推进50 m

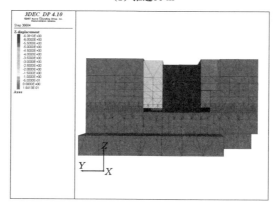

（c）推进70 m

图 4-2　煤体黏聚力为 0.03 MPa 时工作面顶板位移云图

时,工作面处于基本顶周期来压影响阶段。

根据模拟结果可知,当煤体黏聚力为 0.03 MPa 时,煤壁 Y 方向位移量随工作面的推进发生了周期性的波动(图 4-3)。当工作面推进 30 m 时,工作面煤壁 Y 方向位移量最大,为 819 mm;当工作面推进 6 m 时,煤壁 Y 方向位移量最小,为 76.5 mm;在工作面推进期间,煤壁 Y 方向位移量平均为 192 mm。

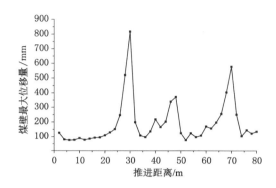

图 4-3　煤体黏聚力为 0.03 MPa 时煤壁 Y 方向位移量的变化规律

工作面来压期间煤壁 Y 方向位移量平均为 352 mm,非来压期间煤壁 Y 方向位移量平均为 124 mm,两者的差值为 228 mm,约为后者的 183%。这表明在煤体黏聚力为 0.03 MPa 的条件下,工作面来压是造成煤壁失稳的关键因素。

4.1.2　煤体黏聚力为 0.02 MPa

当煤体黏聚力为 0.02 MPa 时,煤体位移云图分布规律与煤体黏聚力为 0.03 MPa 时基本相同(图 4-4)。

在工作面推进方向上,工作面两端部煤体位移等值线近似呈弧线形,中间大部分近似呈直线形。煤体位移等值线的密度随煤体至煤壁距离的增大而减小,至煤壁的距离越小,煤体位移等值线密度越大;至煤壁的距离越大,煤壁位移等值线密度越小。在不同推进距离条件下,煤体活动剧烈区域的尺寸不同,其中最大尺寸为 6 m,最小尺寸为 2 m。从防控煤壁片帮的角度出发,煤体活动剧烈区域是防治煤壁片帮的重点区域;而从安全性的角度考虑,同样应将工作面回采期间预防煤壁片帮的尺寸确定为 6 m。

在工作面面长方向上,煤壁位移同样基本呈现中部较大两端部较小的变化趋势。煤壁 Y 方向位移量近似呈同焦点的椭圆形分布,而且随着椭圆的短轴和长轴的增加,煤体 Y 方向位移量逐渐减小;工作面两端位移等值线近似呈圆弧

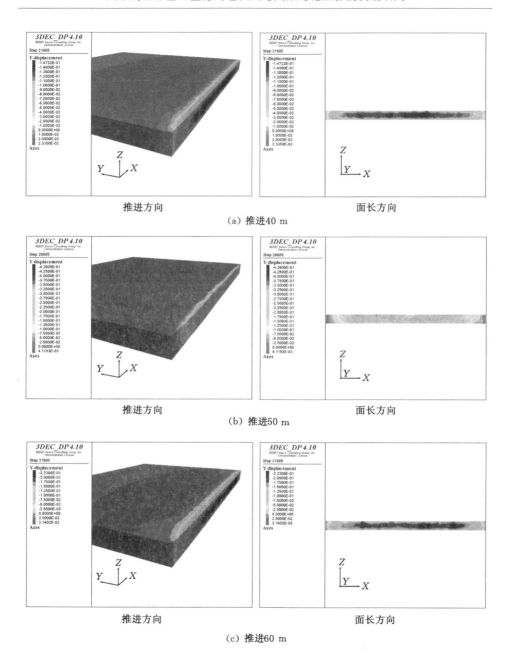

（a）推进40 m

（b）推进50 m

（c）推进60 m

图 4-4 煤体黏聚力为 0.02 MPa 时煤体 Y 方向位移云图

形分布,并且左右两端 Y 方向位移量对称相等。当工作面推进 50 m 时,煤体的最大 Y 方向位移量出现在煤壁顶部,除此之外,煤壁的最大位移量分散位于煤壁中部。由此可知,当工作面推进 50 m 时,工作面顶部是控制煤壁片帮的关键区域,而对于工作面回采的其他时期,工作面中部则是控制煤壁片帮的关键区域。

在煤体黏聚力为 0.02 MPa 的条件下,当工作面推进 30 m、50 m 和 70 m 时,工作面基本顶在煤壁上方断裂,并产生明显的整体下沉(图 4-5)。由此可知,工作面推进 24 m、26 m、28 m、30 m、44 m、46 m、48 m、50 m、64 m、66 m、68 m 和 70 m 时,工作面处于基本顶周期来压影响阶段。

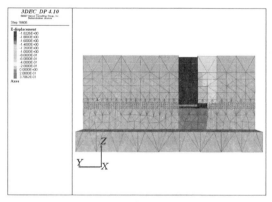

(a) 推进30 m

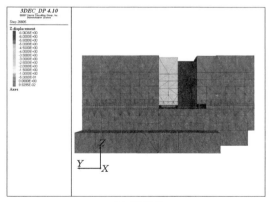

(b) 推进50 m

图 4-5　煤体黏聚力为 0.02 MPa 时工作面顶板位移云图

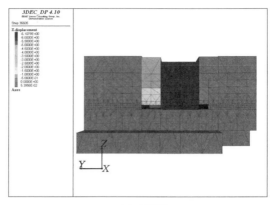

(c) 推进70 m

图 4-5(续)

根据模拟结果可知,当煤体黏聚力为 0.02 MPa 时,煤壁 Y 方向位移量随工作面的推进发生了周期性的波动(图 4-6)。当工作面推进 30 m 时,工作面煤壁 Y 方向位移量最大,为 902 mm;当工作面推进 10 m 时,煤壁 Y 方向位移量最小,为 106 mm;在工作面推进期间,煤壁 Y 方向位移量平均为 231 mm。

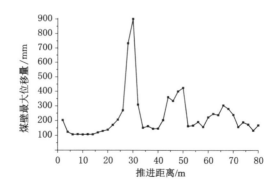

图 4-6 煤体黏聚力为 0.02 MPa 时煤壁最大 Y 方向位移量的变化规律

工作面来压期间煤壁 Y 方向位移量平均为 392 mm,非来压期间煤壁 Y 方向位移量平均为 162 mm,两者的差值为 230 mm,约为后者的 142%。这表明在煤体黏聚力为 0.02 MPa 的条件下,工作面来压是造成煤壁失稳的关键因素。

4.1.3　煤体黏聚力为 0.01 MPa

当煤体黏聚力为 0.01 MPa 时,煤体位移云图分布规律与煤体黏聚力为 0.03 MPa 和 0.02 MPa 时基本相同(图 4-7)。

在工作面推进方向上,工作面两端部煤体位移等值线近似呈弧线形,中间大部分近似呈直线形。煤体位移等值线的密度随煤体至煤壁距离的增大而减小,至煤壁的距离越小,煤体位移等值线密度越大;至煤壁的距离越大,煤壁位移等值线密度越小。在不同推进距离条件下,煤体活动剧烈区域的尺寸不同,其中最大尺寸为 6 m,最小尺寸为 4 m。从防控煤壁片帮的角度出发,煤体活动剧烈区域是防治煤壁片帮的重点区域;而从安全性的角度考虑,同样应将工作面回采期间预防煤壁片帮的尺寸确定为 6 m。

在工作面面长方向上,煤壁位移基本呈现中部较大两端较小的变化趋势。煤壁的 Y 方向位移量近似呈同焦点的椭圆形分布,而且随着椭圆的短轴和长轴的增加,煤体 Y 方向位移量逐渐减小;工作面两端位移等值线近似呈圆弧形分布,并且左右两端 Y 方向位移量对称相等。当工作面推进 30 m 时,煤体的最大 Y 方向位移量出现在煤壁底部,除此之外,煤壁的最大位移量分散位于煤壁中部。由此可知,当工作面推进 30 m 时,工作面下部分别是控制煤壁片帮的关键区域,而对于工作面回采的其他时期,工作面中部则是控制煤壁的关键区域。

在煤体黏聚力为 0.01 MPa 的条件下,当工作面推进 30 m、50 m 和 70 m 时,工作面基本顶在煤壁上方断裂,并产生明显的整体下沉(图 4-8)。由此可知,工作面推进 24 m、26 m、28 m、30 m、44 m、46 m、48 m、50 m、64 m、66 m、68 m 和 70 m 时,工作面处于基本顶周期来压影响阶段。

根据模拟结果可知,当煤体黏聚力为 0.01 MPa 时,煤壁 Y 方向位移量随工作面的推进发生了周期性的波动(图 4-9)。当工作面推进 70 m 时,工作面煤壁 Y 方向位移量最大,为 1 506 mm;当工作面推进 10 m 时,煤壁 Y 方向位移量最小,为 143 mm;在工作面推进期间,煤壁 Y 方向位移量平均为 338 mm。

工作面来压期间煤壁 Y 方向位移量平均为 593 mm,非来压期间煤壁 Y 方向位移量平均为 229 mm,两者的差值为 364 mm,约为后者的 159%。这表明在煤体黏聚力为 0.01 MPa 的条件下,工作面来压是造成煤壁失稳的关键因素。

4.1.4　煤体黏聚力对煤壁稳定性的影响规律

根据上述数值模拟结果,在松软煤层条件下,统计不同煤体黏聚力时煤壁 Y 方向位移量的相关参数(表 4-1),可得到煤体黏聚力对煤壁失稳的影响规律(图 4-10)。

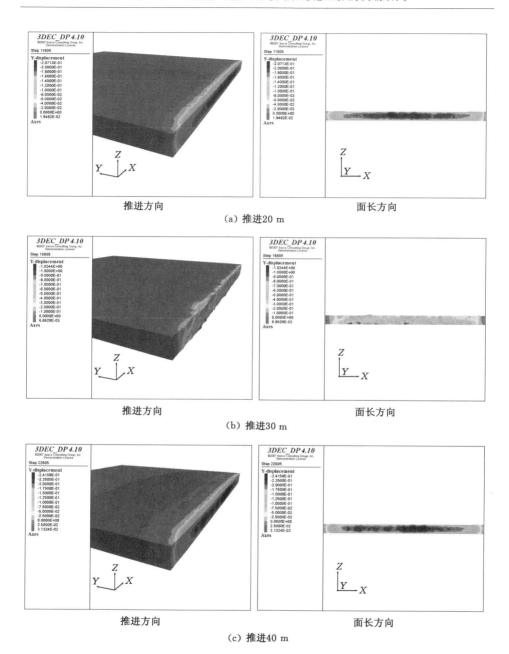

（a）推进20 m

（b）推进30 m

（c）推进40 m

图 4-7　煤体黏聚力为 0.01 MPa 时煤体 Y 方向位移云图

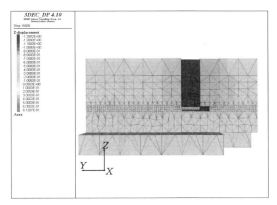

(a) 推进30 m

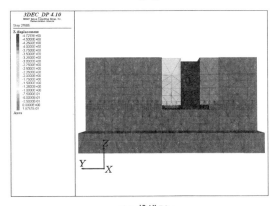

(b) 推进50 m

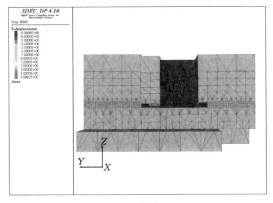

(c) 推进70 m

图 4-8　煤体黏聚力为 0.01 MPa 时工作面顶板位移云图

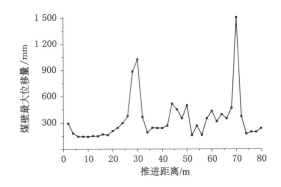

图 4-9　煤体黏聚力为 0.01 MPa 时煤壁 Y 方向位移量的变化规律

表 4-1　不同煤体黏聚力条件下煤壁的 Y 方向位移量参数

黏聚力 /MPa	最大值 /mm	最小值 /mm	平均值 /mm	来压期间平均值 /mm	非来压期间平均值 /mm	来压期间与 非来压期间平均值 差值占后者比例
0.01	1 506	143.0	338	593	229	159%
0.02	902	106.0	231	392	162	142%
0.03	819	76.5	192	352	124	183%

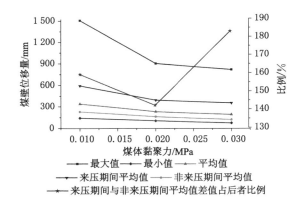

图 4-10　煤壁 Y 方向位移量随煤体黏聚力的变化趋势

　　在松软煤层条件下,当煤体黏聚力为 0.01 MPa 时,煤壁 Y 方向位移量最大;当煤体黏聚力为 0.03 MPa 时,工作面来压期间与非来压期间平均 Y 方向位移量的差值最大,但另外两类黏聚力条件下的差值也均超过了 100%。这表明煤壁 Y 方向位移量均随煤体黏聚力的减小而逐渐增大,在工作面开采技术相同的条件下,当煤体黏聚力越小时,煤壁越易发生失稳;工作面来压是煤壁失稳的关键因素。

在模拟过程中,将煤壁 Y 方向位移量较大的区域定义为工作面易片帮区域。在松软煤层条件下,煤壁中部的 Y 方向位移量均相对较大。由此可知,在不同煤体黏聚力的条件下,工作面易片帮区域均位于煤壁中部。

根据上述分析可知,在煤层节理裂隙面产状不明显的条件下,工作面易片帮区域位于煤壁中部,煤体的黏聚力越小,煤壁的稳定性越差,而工作面来压是煤壁失稳的关键因素。在松软煤层工作面回采期间,应采用注浆、锚杆加固等技术措施提高煤体的完整性系数,以达到提高煤体黏聚力的效果;除此之外,还应加强工作面来压的预测和预报工作,及时做好工作面来压期间端面围岩稳定性的控制工作。

4.2 煤体变形参数对煤壁稳定性影响的数值模拟

4.2.1 煤体体积模量为 0.075 GPa

当煤体体积模量为 0.075 GPa 时,煤体位移云图分布规律与煤体黏聚力为 0.03 MPa、0.02 MPa 和 0.01 MPa 时基本相同(图 4-11)。

在工作面推进方向上,工作面两端部煤体位移等值线近似呈弧线形,中间大部分近似呈直线形。煤体位移等值线的密度随煤体至煤壁距离的增大而减小,至煤壁的距离越小,煤体位移等值线密度越大;至煤壁的距离越大,煤壁位移等值线密度越小。在不同推进距离条件下,煤体活动剧烈区域的尺寸不同,其中最大尺寸为 6 m,最小尺寸为 2 m。从防控煤壁片帮的角度出发,煤体活动距离区域是防治煤壁片帮的重点区域;而从安全性的角度考虑,同样应将工作面回采期间预防煤壁片帮的尺寸确定为 6 m。

在工作面面长方向上,煤壁位移基本呈现中部较大两端较小的变化趋势。煤壁的位移近似呈同焦点的椭圆形分布,而且随着椭圆的短轴和长轴的增加,煤体 Y 方向位移量逐渐减小;工作面两端位移等值线近似呈圆弧形分布,并且左右两端 Y 方向位移量对称相等。当工作面推进 30 m 时,煤体的最大 Y 方向位移量出现在煤壁的顶部和底部,除此之外,煤体的最大 Y 方向位移量分散位于煤壁中部。由此可知,当工作面推进 30 m 时,工作面上下两端部是控制煤壁片帮的关键区域,而对于工作面回采的其他时期,工作面中部则是控制煤壁片帮的关键区域。

在煤体内体积模量为 0.075 GPa 的条件下,当工作面推进 30 m、50 m 和 70 m 时,工作面基本顶在煤壁上方断裂,并产生明显的整体下沉(图 4-12)。由此可知,

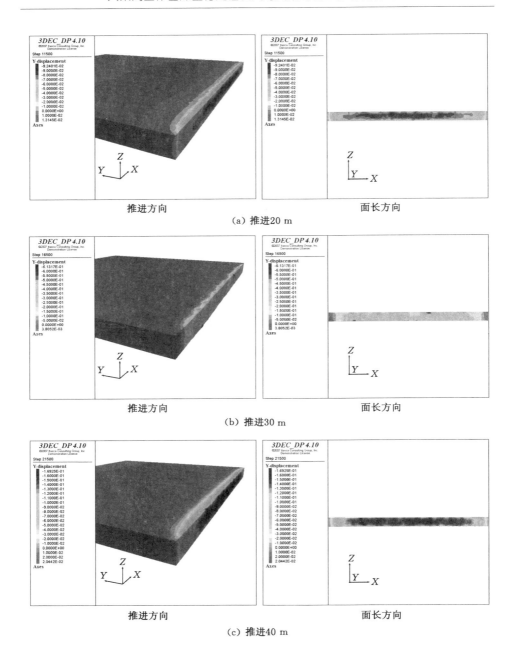

（a）推进20 m

（b）推进30 m

（c）推进40 m

图 4-11　煤体体积模量为 0.075 GPa 时煤体 Y 方向位移云图

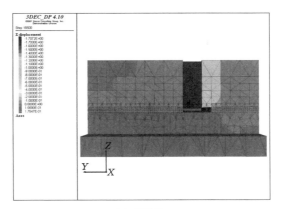

（a）推进30 m

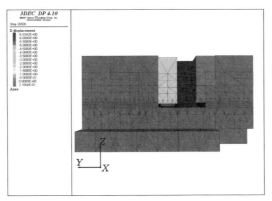

（b）推进50 m

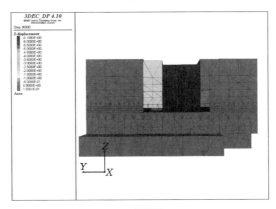

（c）推进70 m

图 4-12　煤体体积模量为 0.075 GPa 时工作面顶板位移云图

工作面推进 24 m、26 m、28 m、30 m、44 m、46 m、48 m、50 m、64 m、66 m、68 m 和 70 m 时,工作面处于基本顶周期来压影响阶段。

根据模拟结果可知,当煤体体积模量为 0.075 GPa 时,煤壁 Y 方向位移量随工作面的推进发生了周期性的波动(图 4-13)。当工作面推进 50 m 时,工作面煤壁 Y 方向位移量最大,为 558 mm;当工作面推进 6 m 时,煤壁 Y 方向位移量最小,为 69 mm;在工作面推进期间,煤壁 Y 方向位移量平均为 172 mm。

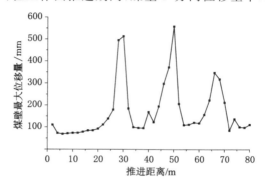

图 4-13　煤体体积模量为 0.075 GPa 时煤壁 Y 方向位移量的变化规律

工作面来压期间煤壁 Y 方向位移量平均为 321 mm,非来压期间煤壁 Y 方向位移量平均为 109 mm,两者的差值约为 212 mm,约为后者的 194%。这表明在煤体体积模量为 0.075 GPa 的条件下,工作面来压是造成煤壁失稳的关键因素。

4.2.2　煤体体积模量为 0.05 GPa

当煤体体积模量为 0.05 GPa 时,煤体位移云图分布规律与其他煤体参数条件下基本相同(图 4-14)。

在工作面推进方向上,工作面两端部煤体位移等值线近似呈弧线形,中间大部分近似呈直线形。煤体位移等值线的密度随煤体至煤壁距离的增大而减小,至煤壁的距离越小,煤体位移等值线密度越大;至煤壁的距离越大,煤壁位移等值线密度越小。在不同推进距离条件下,煤体活动剧烈区域的尺寸不同,其中最大尺寸为 6 m,最小尺寸为 2 m。从防控煤壁片帮的角度出发,煤体活动剧烈区域是防治煤壁片帮的重点区域;而从安全性的角度考虑,同样应将工作面回采期间预防煤壁片帮的尺寸确定为 6 m。

在工作面面长方向上,煤壁位移基本呈现中部较大两端较小的变化趋势。煤壁的位移近似呈同焦点的椭圆形分布,而且随着椭圆的短轴和长轴的增加,煤

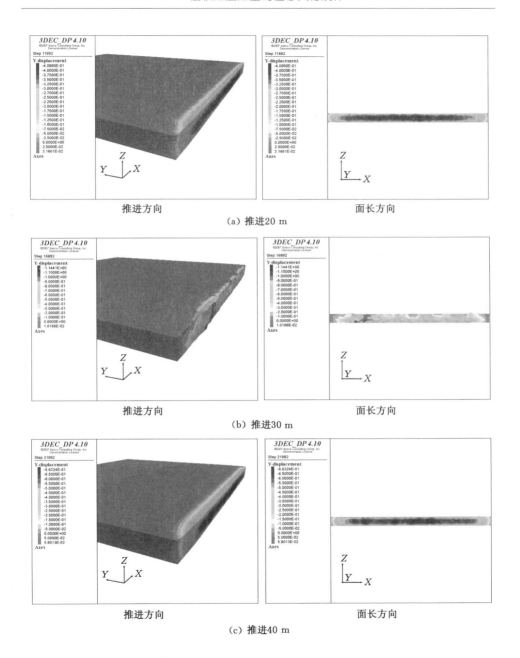

（a）推进20 m

（b）推进30 m

（c）推进40 m

图 4-14　煤体体积模量为 0.05 GPa 时工作面顶板位移云图

体 Y 方向位移量逐渐减小；工作面两端 Y 方向位移量等值线近似呈圆弧形分布，并且左右两端 Y 方向位移量对称相等。当工作面推进 30 m 时，煤体的最大 Y 方向位移量出现在工作面左侧的煤壁底部，除此之外，煤体的最大 Y 方向位移量分散位于煤壁中部。由此可知，当工作面推进 30 m 时，工作面下部分别是控制煤壁片帮的关键区域，而对于工作面回采的其他时期，工作面中部则是控制煤壁片帮的关键区域。

在煤体内体积模量为 0.05 GPa 的条件下，当工作面推进 30 m、50 m 和 70 m 时，工作面基本顶在煤壁上方断裂，并产生明显的整体下沉（图 4-15）。由此可知，工作面推进 24 m、26 m、28 m、30 m、44 m、46 m、48 m、50 m、64 m、66 m、68 m 和 70 m 时，工作面处于基本顶周期来压影响阶段。

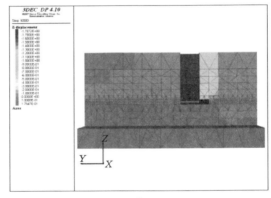

（a）推进30 m

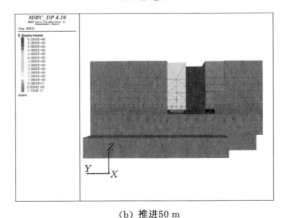

（b）推进50 m

图 4-15　煤体体积模量为 0.05 GPa 时工作面顶板位移云图

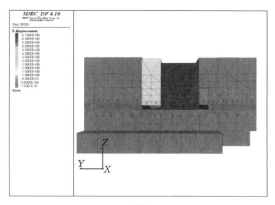

(c) 推进70 m

图 4-15(续)

根据模拟结果可知,当煤体体积模量为 0.05 GPa 时,煤壁 Y 方向位移量随工作面的推进发生了周期性的波动(图 4-16)。当工作面推进 30 m 时,工作面煤壁 Y 方向位移量最大,为 1 144 mm;当工作面推进 6 m 时,煤壁 Y 方向位移量最小,为 209 mm;在工作面推进期间,煤壁 Y 方向位移量平均为 469 mm。

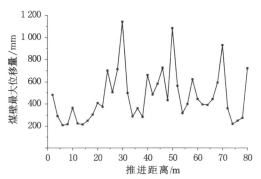

图 4-16　煤体体积模量为 0.05 GPa 时煤壁 Y 方向位移量的变化规律

工作面来压期间煤壁 Y 方向位移量平均为 689 mm,非来压期间煤壁 Y 方向位移量平均为 375 mm,两者的差值为 314 mm,约为后者的 84%。这表明在煤体体积模量为 0.05 GPa 的条件下,工作面来压对煤壁的稳定性有较大的影响。

4.2.3　煤体变形参数对煤壁稳定性的影响规律

根据上述模拟结果,在松软煤层条件下,统计煤体变形参数不同时的煤壁 Y 方向位移量的相关参数(表 4-2),可得到煤体变形参数对煤壁失稳的影响规律(图 4-17)。

表 4-2　不同煤体变形参数条件下煤壁的 Y 方向位移量参数

体积模量/GPa	最大值/mm	最小值/mm	平均值/mm	来压期间平均值/mm	非来压期间平均值/mm	来压期间与非来压期间平均值差值占后者比例
0.075	558	69	172	321	109	185%
0.063	902	106	231	392	162	142%
0.05	1 144	209	469	689	375	84%

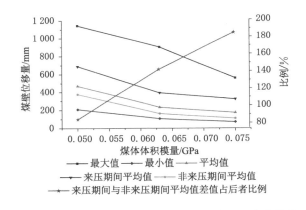

图 4-17　煤壁 Y 方向位移量随煤体变形参数的变化趋势

在松软煤层条件下,煤体变形参数对煤壁 Y 方向位移量的影响规律与煤体黏聚力的影响规律基本相同。当煤体体积模量为 0.05 GPa 时,煤壁 Y 方向位移量最大;当煤体体积模量为 0.075 GPa 时,工作面来压期间与非来压期间平均 Y 方向位移量的差值最大。这表明煤壁 Y 方向位移量随煤体体积模量的增大而逐渐减小,在工作面开采技术相同的条件下,当煤体弹性模量越大时,煤壁的稳定性越好,工作面来压对煤壁稳定性的影响逐渐增大,并逐渐成为煤壁失稳的关键因素。

在模拟过程中,将煤壁 Y 方向位移量较大的区域定义为工作面易片帮区域。在松软煤层条件下,煤壁中部的 Y 方向位移量均相对较大。由此可知,在不同煤体体积模量的条件下,易片帮区域均位于煤壁中部。

根据上述分析可知,在煤层节理裂隙面优势产状不明显的条件下,煤体的变形参数越小,煤壁的稳定性越差,而工作面来压对煤壁稳定的影响逐渐减小。在松软煤层工作面回采期间,应采用静压注水、注浆、锚杆加固等技术措施提高煤体的完整性系数,以达到提高煤体变形参数的效果,增强煤壁的稳定性。

5　大采高工作面支架-顶板-煤壁
稳定性相互作用

　　煤层内节理裂隙面的产状及煤体参数对大采高工作面煤壁稳定性有一定影响,这类影响因素均属于影响煤壁稳定性的自然因素。而在现场生产过程中,除上述自然因素外,支架的控制作用也对大采高工作面煤壁稳定性有较大影响,同时煤壁的片帮形态也在一定程度上影响了支架的位态,最终影响支架的控制效果。为此,本章采用理论分析及物理相似试验的手段,研究分析大采高工作面支架与煤壁的相互作用关系。

5.1　试验支架系统的设计

5.1.1　模拟方法的选择

　　在相似材料模拟试验中,试验支架的模拟方法有两种:仿形法和仿性法。仿形支架基本上按实际支架缩小,需满足支架结构与支架力学特性两方面的相似要求;仿性支架不要求结构上的相似,只要求试验支架具有与实际支架一样的力学相似。支架力学特性相似主要是指支架的初撑力、工作阻力、支架的承载特性曲线相似;支架结构相似主要是指支架的形状、结构及主要几何参数满足几何相似,支架与顶板的接触状况与实际相似。

　　支架模拟方法的选择一般是由研究内容和模型尺寸决定的。当采用大比例模型研究有关支架与围岩的局部情况时,一般要求支架模拟得更具体、功能更完善,需选用仿形法模拟支架;当采用小比例模型研究上覆岩层随工作面回采的运动形式时,对于试验支架的结构参数要求较低,只要求试验支架能够满足力学特性相似,甚至在研究有关"三下"采煤等问题时可忽略支架[130],此时可选用仿性法模拟支架。

　　除此之外,对于试验支架的设计还应满足以下要求:在模型的有限开采空间内,应便于实现安装、初撑、移架、回收及调节等操作,对于体积较大的记录部分安装在模型外部;能够使试验支架的初撑力、工作阻力和刚度等参数,在相当大的范围内调节;能迅速、简易地测试所需参数,如受力、下缩量等,试验支架工作可靠,还需具有一定的精度。

在物理试验中,除了分析支架不同初撑力和工作阻力对工作面端面围岩稳定性的影响,还要得到煤壁及顶板失稳对支架位态的影响,所以根据上述分析,确定选用仿形法模拟制作试验支架。

5.1.2 试验支架原型的确定

根据前期调研可知,现阶段大采高工作面采高多设计为 4.5 m、6 m 和 7 m,符合上述采高条件的大采高工作面集中分布在山西、内蒙古和陕西等地,而且所采用的支架均为两柱掩护式支架(图 5-1),所以研究主要依据在上述三地正投入使用的支架为试验原型制作试验支架。

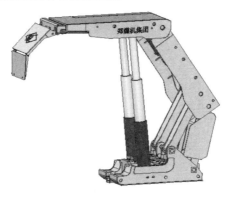

图 5-1 两柱掩护式支架示意图

对于采高为 4.5 m 的工作面,所采用的支架型号多为:ZY6800/24/47、ZY6800/24/50、ZY7600/26/55、ZY8000/26/56、ZY8600/24/50、ZY8640/25.5/55、ZY8800/25.5/55、ZY9000/24/50、ZY9200/25/50、ZY10000/26/55、ZY10000/27/58、ZY11000/25/50;对于采高为 6.0 m 的工作面,所用的支架型号为:ZY9400/28/62、ZY10000/28/62、ZY10800/28/63、ZY10800/30/65、ZY12000/28/63、ZY13000/28/63;对于采高为 7.0 m 的工作面,所用的支架型号为:ZY16800/32/70、ZY17000/32/70、ZY18800/32.5/72(表 5-1)。

支架初撑力对与控制工作面顶板下沉和煤壁片帮具有重要的作用,所以把支架的初撑力作为主要考虑因素,从表 5-1 中选择制作试验支架的原型。采高为 4.5 m 的支架,选择 ZY6800/24/47、ZY9000/24/50 和 ZY11000/25/50 三种架型;采高为 6.0 m 的支架,选择 ZY9400/28/62、ZY10800/30/63、ZY13000/28/63 三种架型;对于采高为 7.0 m 的工作面,支架类型较少,只选择表 5-1 列举的 ZY16800/32/70、ZY17000/32/70、ZY18800/32.5/72 三种架型。

表 5-1　支架主要技术参数

采高/m	支架型号	支撑高度/m	工作阻力/kN	初撑力/kN	支护强度/MPa	中心距/mm	支架宽度/mm	运输尺寸/mm	推移步距/mm	适用角度	使用地点
4.5	ZY6800/24/47	2.4~4.7	6 800	5 066	1.04	1 500	1 430~1 600	6 815×1 430×2 400	800	≤15°	内蒙古汇能
	ZY6800/24/50	2.4~5.0	6 800	5 066	0.93~0.95	1 500	1 430~1 600	7 150×1 430×2 400	865	<30°	山东湖西
	ZY7600/26/55	2.6~5.5	7 600	6 412	0.88~0.95	1 750	1 650~1 850	7 580×1 650×2 600	865	<10°	山西霍州
	ZY8000/26/56	2.6~5.6	8 000	6 412	0.98~1.01	1 750	1 630~1 830	7 640×1 630×2 600	865	<20°	山西阳泉
	ZY8600/24/50	2.4~5.0	8 600	6 412	1.00~1.07	1 750	1 660~1 860	7 290×1 660×2 400	865	≤15°	神华万利
	ZY8640/25.5/55	2.55~5.5	8 640	6 412	1.05~1.07	1 750	1 660~1 860	7 550×1 660×2 550	865	<10°	内蒙古伊泰
	ZY8800/25.5/55	2.55~5.5	8 800	6 412	1.08	1 750	1 660~1 860	7 627×1 660×2 550	800	<15°	内蒙古伊东
	ZY9000/24/50	2.4~5.0	9 000	6 412	1.02~1.09	1 750	1 650~1 850	7 332×1 650×2 400	865	<15°	神华神东
	ZY9200/25/50	2.5~5.0	9 200	7 916	1.00	1 750	1 660~1 860	7 560×1 660×2 500	865	<15°	安徽淮南
	ZY10000/26/55	2.6~5.5	10 000	7916	1.11~1.16	1 750	1 660~1 860	7 975×1 660×2 600	860	<15°	陕西黄陵
	ZY10000/27/58	2.7~5.8	10 000	7 916	1.12~1.17	1 750	1 660~1 860	7 995×1 660×2 700	865	<12°	陕西柠条塔
	ZY11000/25/50	2.5~5.0	11 000	7 916	1.20	1 750	1 650~1 850	7 460×1 650×2 500	865	<15°	神华神东
6.0	ZY9400/28/62	2.8~6.2	9 400	7 140	1.08~1.11	1 750	1 650~1 850	7 790×1 650×2 800	865	<10°	山西晋城
	ZY10000/28/62	2.8~6.2	10 000	7 916	1.03~1.06	1 750	1 650~1 850	8 230×1 650×2 800	865	<20°	神华宁煤
	ZY10800/28/63	2.8~6.3	10 800	7 916	1.04~1.12	1 750	1 660~1 860	8 525×1 660×2 800	865	<10°	神华神东
	ZY10800/30/65	3.0~6.5	10 800	7 916	1.12~1.15	1 750	1 650~1 850	8 500×1 650×3 000	800	<15°	河北邢台
	ZY12000/28/63	2.8~6.3	12 000	7 916	1.22~1.3	1 750	1 650~1 850	8 570×1 650×2 800	865	<10°	陕西红柳林
	ZY13000/28/63	2.8~6.3	13 000	8 728	1.24~1.26	1 750	1 660~1 860	8 525×1 660×2 800	865	<10°	内蒙古伊泰
7.0	ZY16800/32/70	3.2~7.0	16 800	12 370	1.39~1.43	2 050	1 950~2 200	9 335×1 950×3 200	865	<12°	神东补连塔
	ZY17000/32/70[141]	3.2~7.0	17 000	12 364	1.47	2 050	1 960~2 210	9 200×1 960×3 200	1 000		陕西红柳林
	ZY18800/32.5/72[142]	3.25~7.2	18 800	12 364	1.46~1.53	2 050	1 960~2 210	9 200×1 960×3 200			陕西红柳林

5.1.3 支架结构简化与参数确定

由于液压支架结构复杂,零部件较多,所以在制作试验支架时应做合理简化。对于支架的简化应遵循如下原则[143]:① 总体简化,即根据液压支架部件对支架的受力影响程度不同,应详细考虑主要承载部件或对试验结果有较大影响的部件(如顶梁、掩护梁、护帮板、立柱、四连杆结构、平衡千斤顶、底座等),不考虑非主要承载部件(如侧护板和伸缩梁等)。② 部件简化,即对零部件进行适当的简化、合并、省略,如结构件的倒角、圆弧、底座上的阀板、管卡等。③ 忽略不重要区域的小孔及小尺寸结构。

根据上述分析可知,几何相似比 $\alpha_l=17.5$,容重相似比 $\alpha_\gamma=1.67$,强度相似比 $\alpha_\sigma=29.225$,外力相似比 $\alpha_F=8\,950.156\,25$。

根据选择的实际支架的主要技术参数,并依据外力相似比,可计算得到试验支架的初撑力及工作阻力(表 5-2)。

表 5-2 试验支架的初撑力及工作阻力

采高/m	实际支架			外力相似比	试验支架	
	型号	初撑力/kN	额定工作阻力/kN		初撑力/N	额定工作阻力/N
4.5	ZY6800/24/47	5 066	6 800	8 950.156 25	566	760
	ZY9000/24/50	6 412	9 000		716	1 006
	ZY11000/25/50	7 916	11 000		884	1 229
6.0	ZY9400/28/62	7 140	9 400		798	1 050
	ZY10800/30/63	7 916	10 800		884	1 207
	ZY13000/28/63	8 728	13 000		975	1 452
7.0	ZY16800/32/70	12 370	16 800		1 381	1 877
	ZY17000/32/70	12 364	17 000		1 381	1 899
	ZY18800/32.5/72	12 364	18 800		1 381	2 100

在试验支架设计过程中确定了 3 类支撑高度,而且在试验室相似模拟过程中,模型中的煤层厚度保持不变,所以可适当减小试验支架支撑高度的调节范围,故而实际支架中的双伸缩立柱可简化成单伸缩立柱,并且不影响试验结果。根据支架支撑高度的条件及支架型号,确定三类支架支撑高度范围分别为 2.8~4.3 m、4.8~6.3 m 和 6.8~8.2 m,同时依据几何相似比确定试验支架的支撑高度范围分别为 160~250 mm、270~360 mm 和 370~480 mm。

支架立柱的作用主要是提供支架的初撑力和工作阻力,为简化试验支架的制作流程,将实际支架的立柱简化为 1 根,并选择标准的千斤顶构件作为支架的立柱,所以确定试验支架立柱的内径为 40 mm(表 5-3、图 5-2)。试验支架的最大初撑力为 1 381 N(表 5-2),则泵站需提供的压力约为 1.1 MPa。此外,将支架立柱与底座的夹角设置为 72°、77°和 82°三个角度,使支架能够调整支架对工作面水平力的大小。

表 5-3 试验支架立柱参数

项目	实际支架	试验支架
支架支撑范围/mm	2 800~4 300	160~250
	4 800~6 300	270~360
	6 800~8 200	370~480
立柱内径/mm	40	

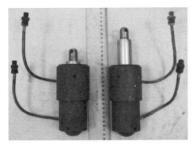 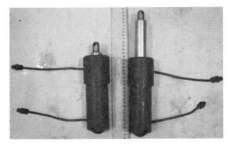

(a)最大支撑高度为 250 mm   (b)最大支撑高度为 360 mm

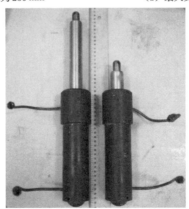

(c)最大支撑高度为 480 mm

图 5-2 支架立柱实物

支架底座主要影响支架的底座比压,由于在试验过程中不研究大采高工作面回采过程对底板的影响,所以试验支架的底座保持不变。支架工作阻力 $F = pA$,若所用试验支架支护面积 A 保持不变,当所需的支架工作阻力 F 增大时,提高支架的支护强度 p,即可满足要求。

为了可调节三类支架立柱的前倾角,需在支架顶梁设置 5 个不同位置的柱窝。根据 ZY10000/28/62D 型支架的顶梁和底座的尺寸以及几何相似比,确定试验支架的相应参数(表 5-4、图 5-3)。

表 5-4　试验支架底座和顶梁参数

技术参数	实际支架		试验支架	
	底座	顶梁	底座	顶梁
宽度/mm	1 640	1 750	93.7	100
长度/mm	3 840	4 370	219.4	250
几何相似比	17.5			

(a) 底座

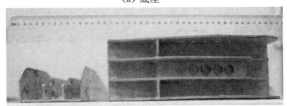

(b) 顶梁

图 5-3　支架底座和顶梁实物

四连杆结构是掩护式支架和支撑掩护式支架的最重要部件之一,主要有两点作用[144]:一是当支架由高到低变化时,借助四连杆机构使支架顶梁前端点的运动轨迹呈近似双扭线,减小支架顶梁前端点与煤壁的距离,提高了管理顶板的性能;二是使支架承受较大的水平力。

为节省材料及简化制作过程,所制作的试验支架应尽可能使用相同的部件。

在现场应用方面,根据表 5-1 可知现阶段已投入生产的支架支撑范围为 3.25～7.2 m。根据试验支架的支撑高度条件及特点,最大支撑高度为 480 mm 和 360 mm 的试验支架可使用同一个掩护梁,而前、后连杆需分别制作;最大支撑高度为 250 mm 的试验支架需重新制作掩护梁和前、后连杆(表 5-5、图 5-4、图 5-5)。

表 5-5　试验支架四连杆参数

最大支撑高度 /mm	前连杆(左、右)		后连杆		掩护梁	
	长度/mm	宽度/mm	长度/mm	宽度/mm	长度/mm	宽度/mm
480	215	20	220	30	227	100
360	104	20	104	30		
250	58	20	54	30	156	

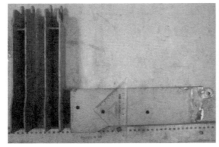

(a) 最大支撑高度为 480 mm 和 360 mm　　　(b) 最大支撑高度为 250 mm

图 5-4　支架掩护梁实物

杨培举等[53-54]通过理论分析和现场实测的方法,研究了平衡千斤顶在放顶煤两柱掩护式支架适应性的作用,认为通过平衡千斤顶可以控制移架过程中顶梁仰角的变化,并可调节支架各部位受力,从而提高两柱式支架的适应性。平衡千斤顶可使掩护式支架构成稳定结构,还可以利用双向控制阀,使平衡千斤顶施加推力或拉力,适应顶板载荷的变化[144]。由此可知,平衡千斤顶是液压支架的一个调节机构(图 5-6),属于功能性机构,所以试验支架中的平衡千斤顶只需达到调节的功能,满足功能性相似即可。

对于支架中的其他结构,如推移千斤顶、侧推千斤顶、侧护板等,在试验中可采用人工操作或其他设备达到其功能,所以在制作试验支架时,可简化省略这类结构。

（a）最大支撑高度为250mm　　　　　　　（b）最大支撑高度为360mm

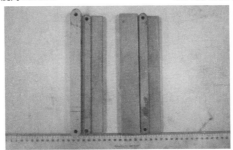

（c）最大支撑高度为480mm

图 5-5　支架连杆实物

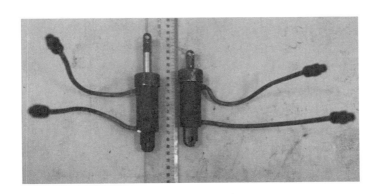

图 5-6　平衡千斤顶实物

　　基于上述分析，根据试验支架设计图，将上述零部件可组装得到试验支架实物（图 5-7、图 5-8、图 5-9）。

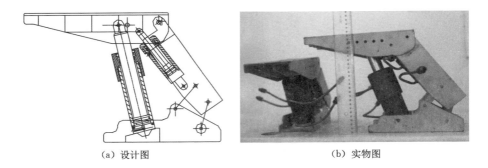

（a）设计图　　　　　　　　　（b）实物图

图 5-7　最大支撑高度为 250 mm

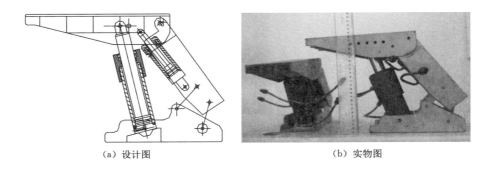

（a）设计图　　　　　　　　　（b）实物图

图 5-8　最大支撑高度为 360 mm

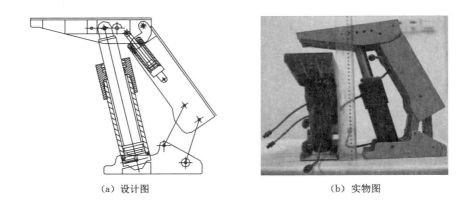

（a）设计图　　　　　　　　　（b）实物图

图 5-9　最大支撑高度为 480 mm

5.1.4 液压控制系统设计及数据记录

为了提供试验支架的初撑力和工作阻力,还需设计试验的液压控制系统。根据试验目的,设计出试验液压控制系统的原理图(图 5-10),并根据控制系统的原理图制作试验液压控制系统的实物(图 5-11)。其中,A 为手动液压泵;B 为数显压力表;C 为截止阀;D 为压力传感器接口,与巡回检测仪连接;E 为控制系统与支架立柱的接口;F 为控制系统与平衡千斤顶的接口。

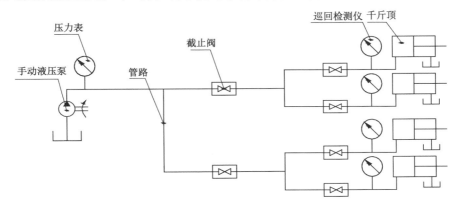

图 5-10   试验液压控制系统原理图

图 5-11   试验液压控制系统实物

在实验过程中,采用电子倾角仪(图 5-12)测量支架顶梁仰俯角以及基本顶回转角,采用压阻式压力传感器和 XSL 智能巡回检测仪(图 5-13)采集数据,采用 MCGS 组态软件(图 5-14)记录巡回检测仪采集的数据。

图 5-12　电子倾角仪

（a）压阻式压力传感器

（b）XSL 智能巡回检测仪

图 5-13　数据采集设备

（a）主界面

（b）数据曲线界面

图 5-14　数据记录软件界面

5.2　模型设计与试验方案

物理模拟在平面应力模型试验台上进行。为了模拟分析支架与煤壁失稳的相互影响规律，在模型上边界基本顶制作预制块，其上载荷采用螺旋千斤顶加压。在模型左端预做顶板断裂线，模拟顶板已断裂垮落的状态，砂岩顶板的垮落角为 $60°$[145]（图 5-15）。冒落矸石用海绵体模拟，随工作面推进，基本顶可实现回转变形。采用自行设计的模拟液压支架支护顶板,支架采用试验液压控制系统加压,采用支架工作阻力监测系统监测试验支架的工作阻力。

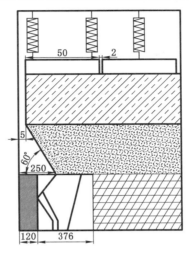

图 5-15 模型顶板破断线(单位:mm)

现场埋深为 357.62 m,取超前支承压力集中系数为 2[146-148],则试验中的初始应力为 282.6 kPa,超前支承压力峰值为 565.2 kPa。根据时间相似比,试验过程中每 2 h 开挖 15 cm,设计开挖步距 5 cm。

将基本顶断裂线设置在煤壁前方 300 mm 处,设置支架的初撑力为额定初撑力(1.1 MPa),基本顶上方加载 565.2 kPa;改变支架初撑力分别为额定初撑力的 80%(0.88 MPa)、60%(0.66 MPa)、40%(0.44 MPa)和 20%(0.22 MPa),观测不同初撑力条件下煤壁内裂隙的发育过程、煤壁片帮形态,以及片帮发生过程中直接顶的破坏情况和支架的位态变化。

在支架初撑力为 1.1 MPa 的条件下,当煤壁片帮形式不同时,观测直接顶的稳定性以及支架位态的变化。

在煤层不同的节理裂隙组合条件下,重复上述试验步骤,记录相应的试验结果。

在采高为 7 m 时的物理试验模型中,设计 3 组节理面组合方式:① 主节理的倾角为 60°;② 主节理的倾角为 120°;③ 主节理的倾角为 150°(图 5-16)。图中的深色部分为煤层,网格线尺寸为 50 mm×50 mm;浅色部分为直接顶,网格线尺寸为 100 mm×100 mm;网格交点为摄影测量系统的监测点。

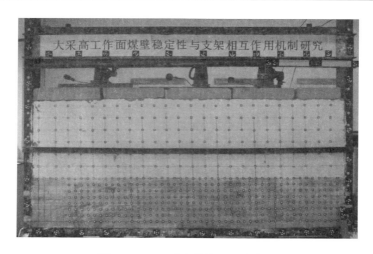

图 5-16　7 m 采高的物理试验模型

5.3　支架初撑力对煤壁稳定性的影响

图 5-17 为节理面倾角为 60°时不同初撑力条件下,煤壁内节理裂隙的发育特征及煤壁片帮形式。

在节理面倾角为 60°的条件下,当支架初撑力为 1.1 MPa 时,煤壁最大片帮深度约为 50 mm,位于煤层的中上部,片帮高度约为 200 mm,煤壁片帮形状呈折线形。当支架初撑力为 0.88 MPa 时,煤壁最大片帮深度约为 50 mm,但煤壁片帮范围增大,片帮高度为 300 mm,从煤层中上部贯穿到煤层底部,煤壁片帮形状也呈折线形,且煤壁前方形成了一条倾斜的贯穿裂隙。

当支架初撑力为 0.66 MPa 时,煤壁最大片帮深度为 100 mm,煤壁片帮形状呈斜线形,最大片帮深度位于煤壁顶部。当支架初撑力为 0.44 MPa 时,煤壁最大片帮深度为 200 mm,煤壁片帮呈斜线形,最大片帮深度位于煤壁顶部。当支架初撑力为 0.22 MPa 时,煤壁最大片帮深度为 250 mm,煤壁片帮呈斜线形,最大片帮深度位于煤壁顶部。

图 5-18 为节理面倾角为 120°时不同初撑力条件下,煤壁内节理裂隙的发育特征及煤壁片帮形式。

在节理面倾角为 120°的条件下,不同初撑力的煤壁最大片帮深度均位于煤壁中上部。当支架初撑力为 1.1 MPa 时,煤壁最大片帮深度为 50 mm,工作面煤壁仅发生局部片帮,煤壁片帮高度为 250 mm,煤壁片帮形状呈"⊃"形。当支

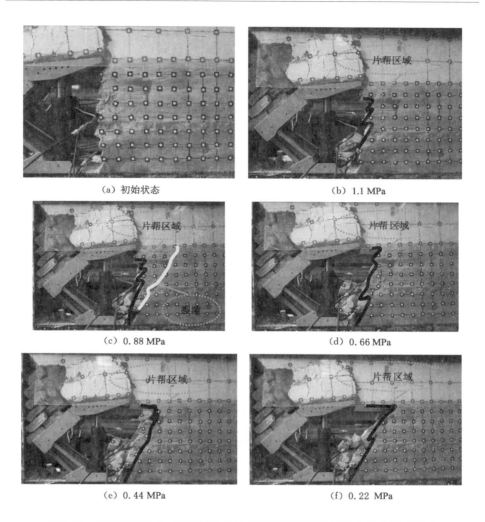

（a）初始状态   （b）1.1 MPa

（c）0.88 MPa   （d）0.66 MPa

（e）0.44 MPa   （f）0.22 MPa

图 5-17   节理面倾角为 60°时初撑力对节理裂隙发育特征及煤壁片帮的影响

架初撑力为 0.88 MPa 时，煤壁最大片帮深度约为 50 mm，但此时煤壁片帮范围
增大，工作面煤壁发生了整体片帮失稳，煤壁片帮形状呈竖向"Z"形。

当支架初撑力小于 0.88 MPa 时，工作面煤壁发生了整体片帮失稳。当支
架初撑力为 0.66 MPa 时，煤壁最大片帮深度为 150 mm，煤壁片帮形状呈竖向
"W"形；当支架初撑力为 0.44 MPa 时，煤壁最大片帮深度为 200 mm，煤壁片帮
形状呈倒置的"L"形；当支架初撑力为 0.22 MPa 时，煤壁片帮深度为
250 mm，煤壁片帮形状呈倒置的"L"形。

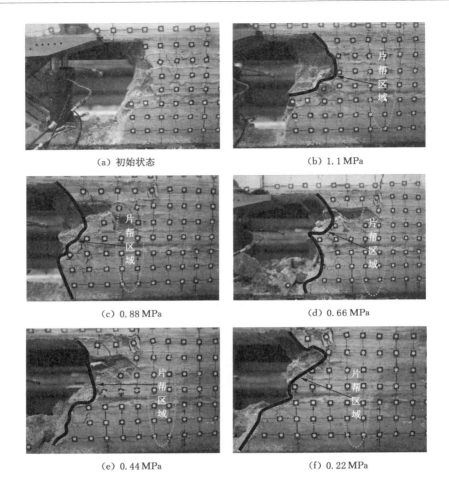

（a）初始状态 　　　　　　　　（b）1.1 MPa

（c）0.88 MPa 　　　　　　　　（d）0.66 MPa

（e）0.44 MPa 　　　　　　　　（f）0.22 MPa

图 5-18　节理面倾角为 120°时初撑力对节理裂隙发育特征及煤壁片帮的影响

　　图 5-19 为节理面倾角为 150°时不同初撑力条件下，煤壁内节理裂隙的发育特征及煤壁片帮形式。

　　在节理面倾角为 150°的条件下，当支架初撑力为 1.1 MPa 时，煤壁的最大片帮深度为 100 mm，工作面煤壁仅发生局部片帮，煤壁片帮高度为 100 mm，最大片帮位于煤壁中上部，煤壁片帮形状呈"∩"形。当支架初撑力小于 1.1 MPa 时，不同初撑力条件下的煤壁最大片帮深度均为 150 mm，煤壁最大片帮深度一般位于煤壁中部，但工作面煤壁片帮的高度随支架初撑力的降低逐渐增大。

　　当支架初撑力为 0.88 MPa 时，煤壁片帮高度约为 250 mm，煤壁片帮形状呈圆弧形。当支架初撑力为 0.66 MPa 时，煤壁片帮高度约为 350 mm，煤壁片

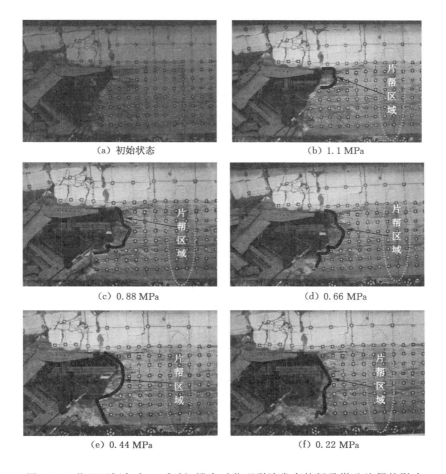

（a）初始状态　　　　　　　　　　（b）1.1 MPa

（c）0.88 MPa　　　　　　　　　　（d）0.66 MPa

（e）0.44 MPa　　　　　　　　　　（f）0.22 MPa

图 5-19　节理面倾角为 150°时初撑力对节理裂隙发育特征及煤壁片帮的影响

帮形状呈倒置的"L"形。当支架初撑力为 0.44 MPa 时，工作面煤壁发生整体片帮失稳，煤壁片帮高度为 400 mm，煤壁片帮形状呈竖向的"Z"形，仅有局部煤壁片帮深度为 150 mm。当支架初撑力为 0.22 MPa 时，工作面煤壁整体发生片帮失稳，煤壁片帮高度为 400 mm，煤壁片帮基本呈直线形，工作面整体片帮深度均为 150 mm。

综上所述，在节理面倾角为 60°的条件下，当支架的初撑力不同时，煤壁的片帮失稳形态有一定差异；当支架初撑力大于等于 0.88 MPa 时，大采高工作面煤壁片帮深度较小，工作面最大片帮深度位于煤壁中上部，且仅发生局部片帮，煤壁片帮呈折线形；当支架初撑力小于 0.88 MPa 时，大采高工作面煤壁片帮深度逐渐增大,工作面最大片帮深度位于煤壁顶部,且工作面发生了整体片帮失稳,煤壁片帮形状呈斜线形。

在节理面倾角为120°的条件下,当支架的初撑力不同时,工作面最大片帮深度均位于煤壁中上部,但煤壁的片帮失稳形态差异性较大;当支架初撑力大于等于0.88 MPa时,大采高工作面煤壁片帮深度较小,甚至只发生局部片帮;当支架初撑力小于0.88 MPa时,大采高工作面煤壁片帮深度逐渐增大,且工作面发生了整体片帮失稳。

在节理面倾角为150°的条件下,当支架的初撑力不同时,煤壁的片帮失稳形态差异性较大,当支架初撑力为1.1 MPa时,大采高工作面只发生局部片帮,且煤壁最大片帮深度较小,位于工作面中上部;当支架初撑力小于1.1 MPa时,大采高工作面煤壁片帮范围及平均片帮深度均逐渐增大,工作面最大片帮深度位于煤壁中部;当支架初撑力小于0.66 MPa时,工作面则发生了整体片帮失稳。

采用工作面最大片帮深度 ΔB 或工作面平均片帮深度表征煤壁的稳定性。根据上述模拟结果,可得到煤壁最大片帮深度 ΔB 或平均片帮深度随支架初撑力 p_0 的变化规律(图5-20),图中曲线为两者的拟合曲线。支架初撑力 p_0 与煤壁最大片帮深度 ΔB 或平均片帮深度呈类双曲线关系,参考支架工作阻力与顶板下沉量的 p_0-ΔL 曲线,可将支架初撑力 p_0 与煤壁最大片帮深度 ΔB 的曲线定义为 p_0-ΔB 曲线。

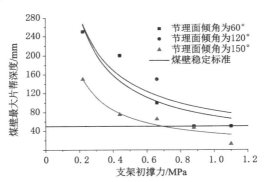

图5-20 不同节理面倾角条件下 p_0-ΔB 曲线

根据上述分析可知,可根据实际情况采用支架初撑力与煤壁最大片帮深度或平均片帮深度的 p_0-ΔB 曲线表征支架初撑力与煤壁稳定性的关系。支架初撑力与煤壁稳定性的关系呈类双曲线关系,当支架初撑力较小时,提高支架初撑力能够对煤壁的稳定性产生显著的影响;当支架初撑力较大时,支架初撑力对煤壁稳定性的影响较小。

若以煤壁片帮深度 50 mm 作为煤壁稳定性可控的标准,为保证煤壁的稳定性,在节理面倾角不同的条件下,所需支架的初撑力不同(图 5-20)。即在大采高工作面条件下,从确保煤壁稳定性的角度出发,不同的煤层节理面倾角,所需的支架支护强度不同。

5.4　煤壁及顶板稳定性对支架位态的影响

5.4.1　煤壁片帮对支架位态的影响

(1)煤壁片帮使支架处于"低头"状态

当煤壁片帮深度为 150 mm 时,由于端面空顶距较大,在基本顶回转及采动应力作用下,端面顶板下沉量较大,使得支架"低头"现象明显(图 5-21)。支架上方基本顶的回转角度为 4.5°,基本顶的回转使得端面顶板下沉量较大,此时端面顶板的下沉量为 50 mm[图 5-21(a)]。端面顶板的下沉使得支架处于"低头"状态[图 5-21(b)],此时支架顶梁最大"低头"角度为 11°。

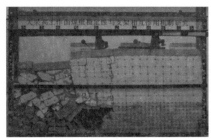
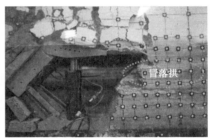

(a)模型整体　　　　　　　　　　(b)局部放大

图 5-21　煤壁片帮对端面顶板和支架位态的影响(片帮深度为 150 mm)

在上述过程中,随支架"低头"角度的逐渐增大,支架处于二次增阻状态,支架初撑力为 1.13 MPa,末阻力约为 2.12 MPa,支架末阻力为支架的最大工作阻力(图 5-22)。这是由于受顶板活动的影响,支架呈"低头"状态,顶梁"低头"最大角度为 11°,使得支架立柱收缩,而且此时顶板活动相对剧烈,故支架处于二次增阻状态。

(2)煤壁片帮使支架处于"抬头"状态

当煤壁最大片帮深度为 200 mm 时,若端面顶板不能得到及时支护,基本顶

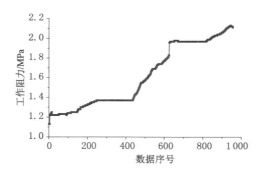

图 5-22　支架"低头"11°时工作阻力变化曲线

对直接顶的持续作用使得端面顶板发生了严重冒顶(图 5-23)。图中端面顶板冒落形态为一拱形,拱脚分别位于支架顶梁前端和煤壁上,冒落高度为 100 mm。由于端面冒顶以及基本顶的运动,支架产生了"抬头"现象,支架顶梁最大"抬头"角度为 2°。

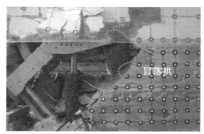

（a）模型整体　　　　　　　　（b）局部放大

图 5-23　端面冒顶引起的基本顶台阶下沉

在上述过程中,受支架"抬头"的影响,支架处于先增阻后降阻的状态;支架初撑力为 1.13 MPa,末阻力为 1.15 MPa,支架最大工作阻力为 1.47 MPa(图 5-24)。这是由于在初始阶段,支架受顶板下沉的影响,支架工作阻力逐渐增大;当顶板活动使支架顶梁最大"抬头"角度为 2°,支架立柱受拉,故此时支架工作阻力逐渐减小。

当煤壁顶部片帮深度为 150 mm 时,在采动应力的作用下,端面顶板发生了冒顶现象,端面冒顶也使得支架"抬头"现象明显(图 5-25)。在采动应力作用下,工作面端面顶板内首先形成一个冒落拱,冒落拱的长度和高度均为 50 mm,其中一个拱脚位于支架顶梁前端,另一个拱脚位于煤壁上方[图 5-25(a)];当冒

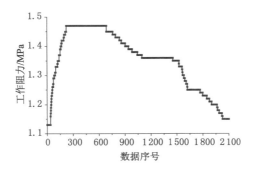

图 5-24　支架"抬头"2°时工作阻力变化曲线

落拱失稳时,将会引起端面顶板大规模冒顶[图 5-25(b)],图中端面冒顶高度约为 150 mm;受端面顶板冒顶及基本顶回转的影响,支架产生了"抬头"现象,此时支架顶梁最大"抬头"角度为 6.4°。

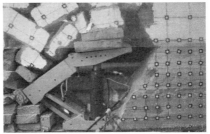

（a）煤壁片帮引起端面冒顶　　　　　　（b）支架"抬头"

图 5-25　煤壁片帮对端面顶板及支架位态的影响(顶部片帮深度为 150 mm)

在上述过程中,受支架抬头的影响,支架工作处于先增阻后降阻的状态,支架初撑力为 1.11 MPa,末阻力为 0.91 MPa,支架最大工作阻力为 1.38 MPa(图 5-26)。这是由于在初始阶段,支架受顶板下沉的影响,支架工作阻力逐渐增大;当顶板活动使支架顶梁最大"抬头"角度为 6.4°时,支架立柱受拉,故此时支架工作阻力减小。

此时在端面顶板内形成了一个长为 150 mm,高为 50 mm 的冒落拱。当受煤壁片帮和基本顶回转的影响时,冒落拱将发生失稳,引起端面冒顶,局部最大冒顶高度达 150 mm(图 5-27)。当支架移架后,由于端面顶板冒顶高度较大,受煤壁片帮的影响,支架易处于"抬头"状态[图 5-27(b)],支架最大"抬头"角度为 1.3°。

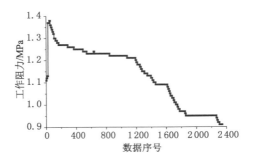

图 5-26　支架"抬头"6.4°时工作阻力变化曲线

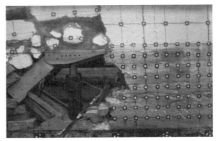

（a）端面冒顶　　　　　　　　　　　　　（b）支架"抬头"

图 5-27　端面冒顶对支架位态的影响

　　在上述过程中，受支架"抬头"的影响，支架处于先增阻后降阻的状态，支架初撑力为 1.12 MPa，末阻力约为 1.29 MPa，支架最大工作阻力为 1.51 MPa（图 5-28）。这是由于在初始阶段，支架受顶板下沉的影响，支架工作阻力逐渐增大；当受煤壁片帮和基本顶回转的影响，支架顶梁最大"抬头"角度为 1.3°时，支架立柱受拉，故此时支架工作阻力减小。

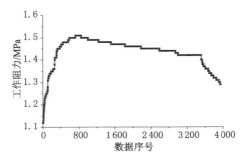

图 5-28　支架"抬头"1.3°时工作阻力变化曲线

（3）煤壁片帮使支架处于先"低头"后"抬头"状态

当煤壁最大片帮深度为 250 mm，位于煤壁顶部时，使得工作面端面空顶距增大。在基本顶回转的影响下，端面顶板下沉量较大，使得支架处于"低头"状态［图 5-29（a）］，此时支架顶梁最大"低头"角度为 2.9°。受基本顶回转运动的影响，端面顶板发生冒落失稳［图 5-29（b）］，此时端面顶板最大冒落高度为 50 mm，冒落形态呈拱形，支架处于"抬头"状态，支架顶梁最大"抬头"角度为 2°。

（a）端面顶板下沉及支架 "低头"　　　　　（b）端面冒顶及支架 "抬头"

图 5-29　煤壁片帮对端面顶板及支架位态的影响（片帮深度为 250 mm）

在上述过程中，受支架位态的影响，支架处于先增阻后降阻的状态，支架初撑力为 1.15 MPa，末阻力约为 1.44 MPa，最大工作阻力为 1.7 MPa（图 5-30）。这是由于支架受顶板活动的影响，先呈现"低头"状态再呈现"抬头"状态，顶梁最大"低头"角度为 2.9°，最大"抬头"角度为 2°。当支架"低头"时，支架立柱收缩，支架处于增阻状态；当支架"抬头"时，支架立柱受拉，支架处于降阻状态。

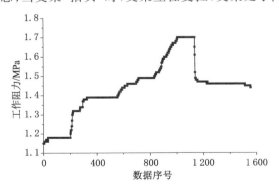

图 5-30　支架先"低头"后"抬头"时工作阻力变化曲线

此时支架上方的顶板较破碎，使得支架顶梁接顶密实度较差，降低了支架的有效工作阻力。当基本顶回转角度增大时，在采动应力作用下工作面前方煤体内的节理裂隙逐渐发育,并形成节理裂隙发育区域[图 5-31(a)]。若没有及时采取控制技术措施或措施不当时,该区域将发生片帮失稳,而煤壁片帮使得端面空顶距增加[图 5-31(b)]。根据前文分析可知,当端面空顶距较大时,最终将影响支架的位态,从而形成恶性循环(图 5-32)。

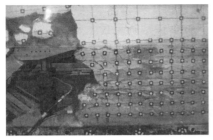

（a）煤体内节理裂隙发育　　　　　　　（b）煤壁发生片帮

图 5-31　支架接顶不密实对端面围岩的影响

图 5-32　煤壁片帮与支架位态相互作用的恶性循环

5.4.2　顶板断裂线位置对支架位态的影响

受基本顶回转运动的影响,直接顶的破断线位于煤壁上方时,若煤壁最大片帮深度为 200 mm,且位于煤壁顶部,由于煤壁片帮使得支架前方空顶距较大,受直接顶破断的影响,支架"低头"现象明显(图 5-33)。此时,模型左侧第二段基本顶回转角为 5.2°,支架顶梁最大"低头"角度为 6.6°。

在上述过程中,随支架"低头"角度的逐渐增大,支架处于多次增阻状态,支架初撑力为 1.12 MPa,末阻力为 1.94 MPa,支架末阻力为支架最大的工作阻力(图 5-34)。这是由于支架受顶板活动的影响呈"低头"状态,顶梁最大"低头"角度为 6.6°,使得支架立柱受压收缩,而且此时顶板活动为一个持续而缓慢的过程,故支架处于多次增阻状态。

当工作面最大片帮深度为 250 mm,位于煤壁顶部时,受基本顶回转的影响,直接顶破断线出现在支架顶梁前端,使得支架"抬头"现象明显(图 5-35)。此时,模型左侧第一段基本顶回转角为 4°,支架顶梁最大"抬头"角度为 6°。

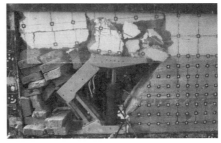

（a）模型整体   （b）局部放大

图 5-33　直接顶断裂线位于煤壁上方时支架位态

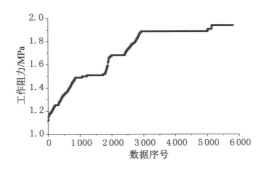

图 5-34　支架"低头"6.6°时工作阻力变化曲线

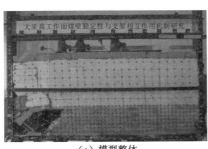

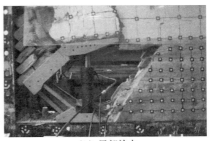

（a）模型整体   （b）局部放大

图 5-35　直接顶断裂线位于顶梁前端时支架位态

在上述过程中，随支架"抬头"角度的逐渐增大，支架处于先增阻后降阻的状态，支架初撑力为 1.15 MPa，末阻力为 0.92 MPa，支架最大工作阻力为 1.25 MPa（图 5-36）。这是由于在初始阶段，支架受顶板下沉的影响，支架工作阻力逐渐增大；当顶板活动使支架顶梁最大"抬头"角度为 6°时，支架立柱受拉，故此时支架工作阻力减小。

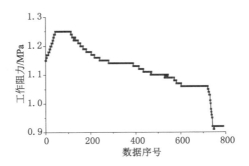

图 5-36　支架"抬头"6°时工作阻力变化曲线

5.4.3　支架位态的调整

当工作面端面顶板冒落高度较大时，在升架过程中，支架前端不能有效接顶，使得支架处于"抬头"状态[图 5-37(a)]，支架顶梁最大"抬头"角度为 13°；需通过增加辅助材料保证支架有效接顶，确保支架的位态[图 5-37(b)]。

（a）支架不能有效接顶　　　　　　　（b）支架位态较好

图 5-37　冒顶对支架位态的影响

当工作面控顶区顶板冒落高度较大时，若不采取适当的技术措施，支架后端不能有效接顶，支架易处于"低头"状态[图 5-38(a)]，此时支架顶梁"低头"的角度为 9.4°。随着工作面的推进，支架位态受基本顶回转运动的影响将逐渐恶化[图 5-38(b)、(c)]，支架顶梁的"低头"角度分别为 11°和 13.6°。所以在回采过程中，应采用加快推进速度、注浆加固顶板或木垛充填冒空区等技术措施，保证直接顶的完整性，使支架顶梁能够有效接顶，确保支架处于良好的位态[图 5-38(d)]。

（a）支架呈"低头"状态

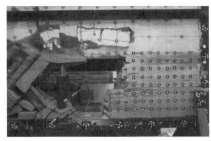
（b）工作面开挖

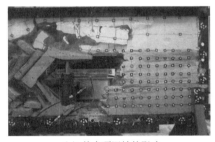
（c）基本顶回转的影响

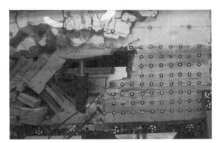
（d）快速推进并调整支架位态

图 5-38　支架状态调整过程

　　根据上述分析可知,煤壁片帮及直接顶断裂线位置对支架的位态及承载特征有较大的影响。煤壁片帮增大了工作面端面空顶距,使得端面顶板下沉量较大,并易发生端面冒顶现象。当端面顶板下沉量较大或接顶断裂线位于煤壁上方时,支架易处于"低头"的状态;当端面顶板发生冒顶或直接顶断裂线位于支架顶梁前端时,支架易处于"抬头"状态。不同支架位态条件下,支架工作阻力的变化规律不同,当支架处于"低头"状态时,支架工作阻力呈现增阻状态;当支架处于"抬头"状态时,支架工作阻力呈现降阻状态。

5.5　支架-顶板-煤壁相互作用机制

　　工作面支架作为保障采场安全高效生产的设备,并不是孤立存在的,而是处在和工作面顶板、煤壁组成的体系中。工作面顶板的运动状态是影响支架的位态和承载特性以及煤壁稳定性的主要因素;而支架的位态和支护效果影响工作面顶板的运动状态,进而影响煤壁稳定性;同时煤壁的片帮深度和形态也会对工作面顶板运动状态产生影响,进而影响支架位态和支护效果。因此,工作面顶板、煤壁、支架三者是相互作用和影响的。三者的相互作用关系体现了围岩的运动规律与支架的性能、结构间的适应性及相互间的影响规律，是分析确定支架应具有的最合理支护参数的理论依据。在大采高综采条件下，顶板活动空间与支架支护高度均较大以及煤壁易失稳，使得工作面顶板、煤壁、支架三者的相互作用更为明显。

5.5.1　煤壁片帮对支架及顶板的影响规律

采场支架受力来源于直接顶重量和基本顶运动的作用，由于基本顶断裂后可以形成稳定的结构，所以基本顶是以"给定变形"的形式作用于直接顶，基本顶传递给直接顶的压力称为"给定压力"[149]。当基本顶断裂线位于煤壁前方时，大采高工作面易发生片帮失稳（图 5-39），考虑最危险的情况，即基本断裂线与煤壁之间的煤体发生片帮失稳，且直接顶断裂线位于煤壁片帮处，此时所需的支架工作阻力最大，煤壁片帮深度为 B。

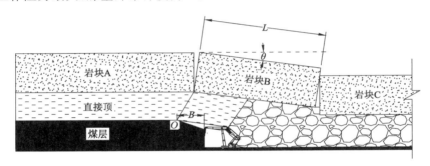

图 5-39　大采高工作面顶板结构（给定变形）

文献[149]给出了基本顶回转做功、直接顶回转做功、支架储存的变形能、直接顶的变形能等的计算方法，因此，在支架与围岩组成的系统中还应考虑在此过程中煤壁的变形能。

根据基本顶给定变形示意图（图 5-40）可知，基本顶回转过程中施加到直接顶的给定压力所做的功为：

$$W_1 = \int_0^a f(x)x\sin\theta\mathrm{d}x \tag{5-1}$$

取最简单的情况，设 $f(x)$ 为均匀分布，$f(x)=q$，则式（5-1）可变为：

$$W_1 = \int_0^a qx\sin\theta\mathrm{d}x = \frac{qa^2\sin\theta}{2} \tag{5-2}$$

取基本顶和直接顶的宽度为一个单位，$f(x)$ 为基本顶因自重和上覆岩层作

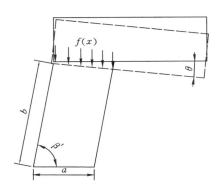

图 5-40 基本顶给定变形

用而施加到直接顶的给定压力的线分布集度,a 为直接顶的长度,b 为直接顶的斜边长度,θ 为基本顶的回转角。在大采高工作面条件下,由于采空区范围大,基本顶的回转角度也相对较大,所以为保证计算精度,在计算过程中由式(5-3)确定 θ,其中 L 为基本顶断裂步距,K_p 为直接顶的碎胀系数,$\sum h$ 为直接顶的厚度,M 为采高。

$$\sin \theta = \frac{M - (K_p - 1) \sum h}{L} \tag{5-3}$$

一般情况下,直接顶的强度大于煤体的强度,可认为直接顶相对于煤体为刚体,在煤体的支撑作用不会产生形变,支架与煤壁之间的直接顶由于缺少支撑同样不存在形变;由于支架的支撑作用,在支架上方的顶板将产生回缩变形,所以可将直接顶的长度分为三部分:

$$a = l_z + l + d_m \tag{5-4}$$

式中,l_z 为支架顶梁长度;l 为基本顶断裂线至煤壁的距离;d_m 为端面距。

直接顶的破断形状为四边形,根据其回转运动示意图(图 5-41)可知,因基本顶回转迫使直接顶下沉导致的势能减少为:

$$W_2 = \frac{ab\gamma_z \sin \beta'}{2} \left\{ b\sin \beta'(1-\cos \theta) + \sin \theta \sqrt{a^2 + b^2 + 2ab\cos \beta' - b^2 \sin^2 \beta'} \right\} \tag{5-5}$$

式中,γ_z 为直接顶比重;β' 为直接顶垮落角,英国学者威尔逊根据直接顶的不同类型,提出了 β' 的不同近似值(表 5-6)。

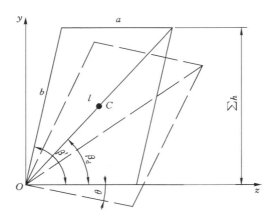

图 5-41　直接顶回转运动示意图

表 5-6　不同直接顶条件下直接顶垮落角的近似值

直接顶类型	顶板比较破碎	破碎顶板	中等稳定顶板	稳定顶板	坚硬顶板
β' 的近似值	$90°$	$75°$	$60°$	$45°$	$30°$

由于支架工作阻力的作用使直接顶变形而产生回缩变形,设直接顶压缩变形量为 θ_1(图 5-42)。考虑最简单的极限情况,当支架安全阀开启时,支架的支护强度 p 为均布常量时,单位宽度的支架储存的变形能为:

$$W_3 = \int_0^{l_z} p \tan(\theta - \theta_1) x \, \mathrm{d}x = \frac{p \tan(\theta - \theta_1) l_z^2}{2} \tag{5-6}$$

取支架中点的 Y 方向位移量(即平均位移量)为直接顶的下沉量,作为支架位移,记为 Δy,则:

$$W_3 = p l_z \Delta y \tag{5-7}$$

设直接顶的弹性模量为 E_z,因基本顶给定变形,可等效简化直接顶的受力状态(图 5-43),假定直接顶的断裂面和工作面近似为自由面,支架施加于直接顶的切向力相比于法向力为小量,可忽略不计。当 b 相对于 l_z 较大时,可采用组合变形近似算法,得直接顶所存储的变形能为:

$$\begin{aligned}
W_4 &= \frac{(p l_z)^2 b \sin \beta'}{2 E_z l_z} + \int_0^{b \sin \beta} \frac{(p l_z)^2 x^2 \cot^2 \beta' \, \mathrm{d}x}{2 E_z I_z} \\
&= \frac{(p l_z)^2 b \sin \beta'}{2 E_z l_z} + \frac{2(p l_z)^2 b^3 \sin \beta \cos^2 \beta'}{E_z l_z^3}
\end{aligned} \tag{5-8}$$

由于受采动影响,此时的直接顶应考虑损伤效应,假定直接顶为均匀的各向同性损伤体,设直接顶的损伤变量为 D_z,则直接顶的变形能为:

$$W_4 = \frac{(pl_z)^2 b \sin \beta'}{2E_z(1-D_z)l_z} + \frac{2(pl_z)^2 b^3 \sin \beta \cos^2 \beta'}{E_z(1-D_z)l_z^3} \tag{5-9}$$

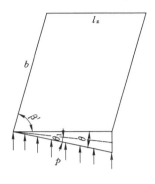

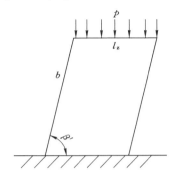

图 5-42　支架与直接顶耦合　　　　　图 5-43　直接顶受力简图

　　为简化分析,认为基本顶断裂线与煤壁之间的煤体均发生了片帮失稳,$l=B$。在发生煤壁片帮失稳前,基本顶的回转使得片帮范围内的煤体储存了一定的变形能,合理简化工作面煤壁处的受力状态(图 5-44),其中 M 为工作面采高,ψ 为煤体内滑移线与水平线的夹角,根据塑性力学滑移线理论,在莫尔-库仑材料的滑移线场中,$\psi=\pi/4+\varphi/2$,φ 为煤体的内摩擦角[34]。

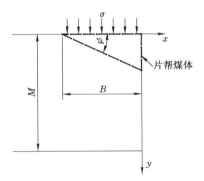

图 5-44　煤壁受力简图

　　在大采高条件下,可根据材料力学知识[127],得到 $[0,B]$ 范围内煤体所储存的变形能。若直接顶对任意位置煤体的作用力为 $F(x)$,任意位置煤体的压缩量为 $\Delta h(x)$,根据圣维南原理[150]可知,受顶板压缩范围内的煤体中所存储的变形能为:

$$W_5(x) = \int_0^B \frac{1}{2}F(x)\Delta h(x)\mathrm{d}x \tag{5-10}$$

　　由于 $[0,B]$ 范围内的煤体发生了片帮失稳,所以可认为该范围内的煤体在

片帮失稳前处于单向应力状态。在大采高综采工作面条件下,可根据压杆理论[32,38]求得煤壁失稳时的临界应力:

$$\sigma = \frac{\pi^2 E_{em}}{48 M^2} \tag{5-11}$$

所以式(5-10)可写成:

$$W_5 = \frac{\pi^4 E_{em} B}{48^2 M^3} \tag{5-12}$$

式中,E_{em} 为受损煤体的弹性模量;M 为工作面采高。

将支架、顶板和煤壁视为一个力学系统,根据能量守恒原理,外力所做的功等于储存在直接顶、支架和煤壁中的变形能,于是:

$$W_1 + W_2 = W_3 + W_4 + W_5 \tag{5-13}$$

即

$$\frac{qa^2 \sin\theta}{2} + \frac{ab\gamma_z \sin\beta'}{2} \left\{ b\sin\beta'(1-\cos\theta) + \sin\theta \sqrt{a^2+b^2+2ab\cos\beta' - b^2\sin^2\beta'} \right\}$$

$$= pl_z\Delta y + \frac{(pl_z)^2 b\sin\beta'}{2E_z(1-D_z)l_z} + \frac{2(pl_z)^2 b^3 \sin\beta' \cos^2\beta'}{E_z(1-D_z)l_z^3} + \frac{\pi^4 E_{em} B}{48^2 M^3} \tag{5-14}$$

在计算过程中,简化了部分复杂因素,但仍能由式(5-14)看出,在基本顶给定变形的条件下,煤壁片帮的深度主要影响支架的支护强度、直接顶下沉量。

(1)煤壁片帮深度对支架支护强度的影响。

根据实际情况选择适当的参数值,取 $q=0.55$ MPa,$\theta=13.59°$,$b=15$ m,$\beta'=60°$,$l_z=4.67$ m,$d_m=0.5$ m,$E_z=3.5$ GPa,$E_{em}=0.1$ GPa,$D_z=0.7$,$M=6$ m,$\gamma_z=25$ kN/m³,$\Delta y=0.225$ m,根据式(5-14)得到大采高工作面煤壁片帮深度 B 对支架所需支护强度 p 的影响规律(图5-45)。

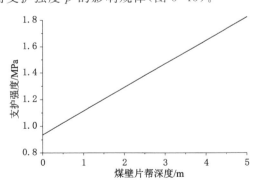

图5-45　大采高工作面煤壁片帮深度对支架支护强度的影响规律

由图5-45可知,在基本顶给定变形的条件下,大采高工作面支架支护强度

p 随煤壁片帮深度 B 的增大近似呈线性增加。这是由于煤壁片帮增大了支架的控顶面积,降低了支架的等效支护强度 p_d,为保证工作面围岩的稳定性,应保证支架的等效支护强度 p_d 不变,所以支架需提供更大的工作阻力 F,即支架的需要更大的支护强度 p。大采高工作面煤壁片帮对支架支护强度的作用机制可近似用式(5-15)表示:

$$p = \frac{p_d(l_z + d_m + B)}{l_z + d_m} \tag{5-15}$$

式中,p 为支架支护强度;p_d 为支架的等效支护强度;l_z 为支架顶梁长度;d_m 为端面距;B 为煤壁片帮深度。

（2）煤壁片帮对直接顶下沉量的影响。

由于在大采高工作面开采过程中,支架的支护强度 p 保持不变,当基本顶给定变形时,可根据式(5-14)得到煤壁片帮深度 B 对直接顶下沉量 Δy 的影响规律(图 5-46)。

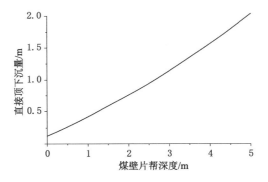

图 5-46   大采高工作面煤壁片帮深度对直接顶下沉量的影响规律

由图 5-46 可知,大采高工作面直接顶下沉量 Δy 随煤壁片帮深度 B 的增大也近似呈线性增加。这是由于大采高工作面支架围岩系统的刚度 K 保持不变[149],而煤壁片帮增大了支架的控顶面积,使得顶板的下沉量 Δy 增加。大采高工作面煤壁片帮对直接顶下沉的作用机制可近似用式(5-16)表示:

$$\Delta y = \frac{\gamma_z(l_z + d_m + B)}{K} \tag{5-16}$$

式中,Δy 为顶板的下沉量;γ_z 为直接顶比重;l_z 为支架顶梁长度;d_m 为端面距;B 为煤壁片帮深度;K 为大采高工作面支架围岩系统的刚度。

5.5.2   支架支护强度对顶板及煤壁稳定性的影响规律

（1）支架支护强度与直接顶下沉量的相互作用关系

在基本顶给定变形以及煤壁片帮深度确定的条件下，根据式(5-14)可得到支架支护强度 p 与直接顶下沉量 Δy 之间的关系(图5-47)。

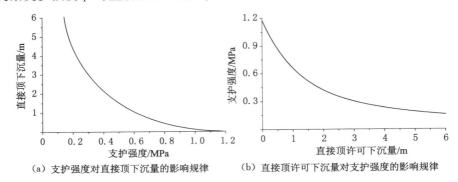

(a) 支护强度对直接顶下沉量的影响规律　　　(b) 直接顶许可下沉量对支护强度的影响规律

图5-47　大采高工作面支架支护强度与直接顶下沉量之间的关系

在大采高综采工作面条件下，当考虑煤壁片帮时，直接顶下沉量随支架支护强度的变化曲线[图5-47(a)]，以及支架支护强度随直接顶许可下沉量的变化曲线[图5-47(b)]均呈类双曲线关系，这与前人[3,149]的研究成果基本一致。需要指出的是，在现场生产过程中直接顶许可下沉量一般较小，为精确表现出直接顶许可下沉量对支护强度的影响规律，故而在理论分析过程中扩大了直接顶许可下沉量的取值范围。

（2）支架支护强度对煤壁片帮的影响

通过式(5-14)求解支架支护强度对煤壁片帮的影响规律较复杂，并且由于直接顶下沉量受支架支护强度的影响，所以不能通过保持直接顶下沉量不变，由式(5-14)确定支架支护强度对煤壁稳定性的影响规律。

基于上述原因，需通过相对简单且合理可行的理论求解支架支护强度对煤壁片帮的影响规律。式(5-14)成立的理论基础是大采高工作面基本顶形成了平衡的砌体梁结构，但由于基本顶厚度、岩性、裂隙发育情况、上覆载荷层的变化，再加上地质构造的影响，该结构不总是能够形成[17](图5-48)，例如有时现场周期来压步距的变化范围较大，这表明基本顶岩块的断裂步距不固定，而是在一个范围内发生变化。所以，此时也可根据"给定载荷"的方式分析支架-顶板-煤壁三者的关系。

根据大采高工作面给定载荷的结构(图5-48)可知，"给定载荷"与"给定变形"的区别是，基本顶以载荷的形式给予支架和煤壁 p_1 的载荷。基本顶失稳瞬间，基本顶及载荷层全部重量均需支架和煤壁共同承担。单位宽度基本顶及载荷层的载荷为：

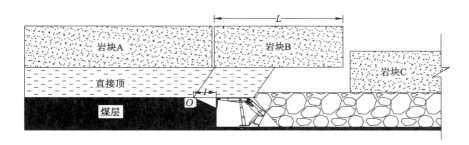

图 5-48　大采高工作面顶板结构(给定载荷)

$$p_1 = L H_j \gamma_j \tag{5-17}$$

式中,L 为基本顶断裂步距;H_j 和 γ_j 分别为基本顶及载荷层的厚度和比重。

为简化分析,认为基本顶断裂线与煤壁之间的煤体均发生了片帮失稳,$l = B$。假定在工作面基本顶断裂失稳瞬间,基本顶断裂线与煤壁之间的煤体保持稳定,且对顶板提供的支撑力为煤体失稳时的临界应力。在基本顶断裂失稳瞬间,基本顶、直接顶、煤壁以及支架组成的系统对 O 点力矩和为 0,故有:

$$\frac{1}{2}\gamma_j L^2 H_j + \frac{1}{2}\gamma_z (l_z + B + d_m)^2 \sum h - p l_z \left(\frac{l_z}{2} + B\right) - \frac{1}{2}\sigma B^2 = 0 \tag{5-18}$$

结合式(5-11)可得:

$$\frac{1}{2}\gamma_j L^2 H_j + \frac{1}{2}\gamma_z (l_z + B + d_m)^2 \sum h - p l_z \left(\frac{l_z}{2} + B\right) - \frac{\pi^2 E_{em}}{96 M^2} B^2 = 0$$

$$\tag{5-19}$$

根据实际情况选择适当的参数值,取 $\gamma_j = \gamma_z = 25 \text{ kN/m}^3$,$L = 20 \text{ m}$,$H_j = 4 \text{ m}$,$l_z = 4.67 \text{ m}$,$d_m = 0.5 \text{ m}$,$\sum h = 14 \text{ m}$,$E_{em} = 0.1 \text{ GPa}$,$M = 6 \text{ m}$,可根据式(5-19)得到支架支护强度 p 对大采高工作面煤壁片帮深度 B 的影响规律(图 5-49)。

由图 5-49 可知,大采高工作面煤壁片帮深度 B 与支架支护强度 p 呈类双曲线关系,当支架支护强度较小时,增加支架支护强度能够有效减小大采高工作面煤壁的片帮深度;当支架支护强度较大时,支架支护强度的增加对煤壁片帮深度的影响逐渐趋于缓和;与物理试验结果基本一致(图 5-20)。这是由于当支架支护强度较小时,增加支架的支护强度能够有效减小直接顶的下沉量[图 5-47(a)],直接顶下沉量的减少能够有效减弱顶板对工作面前方煤体的作用,进而减小煤壁的片帮深度,所以此时增加支护强度能够有效减小大采高工作面煤壁的片帮深度。而当支架支护强度较大时,增加支架的支护强度对直接顶下沉量的影响不显著[图 5-47(a)],所以此时支护强度对大采高工作面煤壁片帮深度的影响趋于缓和。

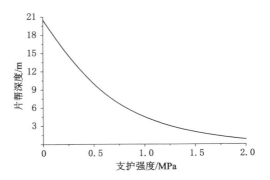

图 5-49　支架支护强度对大采高工作面煤壁片帮深度的影响规律

5.5.3　基本顶回转对支架及煤壁稳定性的影响规律

（1）基本顶回转对支架支护强度的影响

在大采高工作面条件下，为保证煤壁片帮深度及直接顶下沉量在可控的范围内，根据式（5-14）可得到基本顶回转角 θ 对支架支护强度 p 的影响规律（图 5-50）。

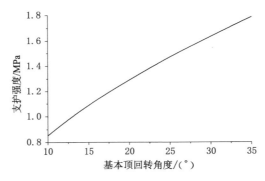

图 5-50　大采高工作面基本顶回转对支架支护强度的影响规律

由图 5-50 可知，在大采高工作面条件下，当煤壁片帮深度 B 及直接顶下沉量 Δy 在可控的范围时，支架支护强度 p 随基本顶回转角 θ 的增大近似呈线性增加。这是由于当基本顶回转角 θ 增大时，势必需要增加直接顶的压缩变形量 θ_1，以确保直接顶下沉量 Δy 在可控的范围内。大采高工作面基本顶回转对支架支护强度的作用机制可近似用式（5-20）表示：

$$p = \frac{E_z \left(B + d_{\mathrm{m}} + \dfrac{l_z}{2} \right) \sin \theta}{\sum h} \tag{5-20}$$

式中，p 为支架支护强度；E_z 为直接顶的弹性模量；B 为煤壁片帮深度；d_m 为端面距；l_z 为支架顶梁长度；θ 为基本顶回转角；$\sum h$ 为直接顶厚度。

（2）基本顶回转对直接顶下沉量（支架压缩量）的影响

由于在大采高工作面开采过程中，支架的支护强度 p 保持不变，当煤壁片帮深度在可控的范围内时，可根据式（5-14）得到基本顶回转角 θ 对直接顶下沉量 Δy 的影响规律（图 5-51）。

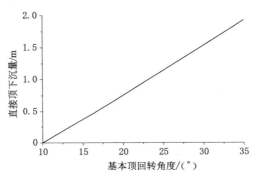

图 5-51 大采高工作面基本顶回转对直接顶下沉量的影响规律

由图 5-51 可知，在大采高工作面条件下，当支架支护强度 p 保持不变及煤壁片帮深度 B 在可控的范围时，直接顶下沉量 Δy 随基本顶回转角 θ 的增大也近似呈线性增加。这是由于在支架支护强度 p 保持不变的条件下，直接顶的压缩变形量 θ_1 也保持不变，所以当基本顶回转角 θ 增大时，直接顶的下沉量（支架压缩量）Δy 势必逐渐增大。大采高工作面基本顶回转对直接顶下沉的作用机制可近似用式（5-21）表示：

$$\Delta y = \left(B + d_m + \frac{l_z}{2}\right)(\sin\theta - \sin\theta_1) \tag{5-21}$$

式中，Δy 为顶板的下沉量；B 为煤壁片帮深度；d_m 为端面距；l_z 为支架顶梁长度；θ 为基本顶回转角；θ_1 为直接顶压缩变形量。

（3）基本顶回转对煤壁片帮的影响

通过式（5-14）求解基本顶回转角度对煤壁片帮的影响规律，同样存在计算复杂且不易确定相应参数（支护阻力及直接顶下沉量）的问题，所以需对该问题进行合理的简化分析。

在大采高工作面顶板结构内（图 5-39），一般认为煤体的支撑作用不会使直接顶产生形变。以图中 O 点为原点建立以指向采空区方向为正向的坐标系，所以基本顶回转对煤体的压缩量为：

$$\Delta h(x) = x \tan \theta \qquad (5\text{-}22)$$

在大采高综采工作面条件下,根据压杆理论可求得煤壁发生片帮失稳时的临界变形量为:

$$\Delta h = \frac{\pi^2}{48M} \qquad (5\text{-}23)$$

所以大采高综采工作面煤壁片帮的深度为:

$$B = l - \frac{\pi^2 \cot \theta}{48M} \qquad (5\text{-}24)$$

根据式(5-24)可知,煤壁片帮深度与基本顶回转角 θ、断裂线至煤壁的距离 l、采高 M 等因素相关。根据现场实测[140]可知,寺河煤矿大采高工作面周期来压的影响范围为 6 m,而支架顶梁的长度 $l_z = 4.67$ m,所以可认为当基本顶的回转角度达到最大时,基本顶断裂线至煤壁的距离 $l = 1.33$ m。数值模拟结果也表明,在大采高综采工作面回采期间,煤壁的 Y 方向位移量最大时,基本顶断裂线至煤壁的平均距离 $l = 1.625$ m。根据实际情况选择适当的参数值,取 $l = 1.33$ m,$M = 6$ m,可根据式(5-24)得到基本顶回转角度 θ 对大采高工作面煤壁片帮深度 B 的影响规律(图 5-52)。

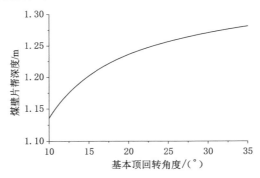

图 5-52　基本顶回转对大采高工作面煤壁片帮深度的影响规律

由图 5-52 可知,大采高工作面煤壁片帮深度 B 随基本顶回转角度 θ 的增大而逐渐增大,极限片帮深度趋向于基本顶断裂线至煤壁的距离。这是由于基本顶回转角的增大使得直接顶的下沉量增加,加强了直接顶对工作面前方煤体的作用,进而增加了煤壁的片帮深度。此外,在大采高工作面顶板结构中,岩块 B 的回转变形对岩块 A 的回转变形影响较小,所以岩块 B 的回转失稳仅对断裂线与煤壁之间的煤体产生影响,故煤壁的极限片帮深度趋向于基本顶断裂线至煤壁的距离。

6 大采高工作面煤壁与
支架稳定性控制技术

前文分析了煤层内节理裂隙面产状、松软煤体力学参数等因素对大采高工作面煤壁稳定性的影响规律,以及支架-顶板-煤壁三者的相互影响规律及相应的作用机制,为大采高煤壁及支架稳定性的控制技术奠定了理论基础。在此基础上,根据实际情况提出相应的大采高煤壁及支架稳定性控制技术措施。

6.1 大采高工作面煤壁与支架稳定性控制技术

在大采高综采条件下,工作面支架的失稳方式主要有下滑、倾倒以及尾部扭曲等[28],支护强度对支架的稳定有较大的影响,可采用支架额定支护强度与所需支护强度的比值表征支架的稳定性。

支架的支护强度是影响煤壁稳定性的重要因素,而且煤壁的片帮深度也是支架稳定性的重要影响因素。保证支架和煤壁的稳定性,能够使大采高工作面支架围岩关系形成良性循环。

支架支护强度及工作面采高均为影响煤壁稳定性的重要影响因素,所以在大采高工作面回采期间,严格控制工作面采高,保证支架的支护强度是保证煤壁稳定性的有效技术措施。根据前文分析可知,采高的增加对煤壁支撑能力的弱化效应逐渐增强,并使得煤壁前方极限平衡区的范围扩大,使得大采高工作面煤壁更易发生片帮失稳。当工作面已发生片帮或遇到异常带时,可采取适当降低采高的措施,减弱煤壁的片帮程度[40]。

在生产过程中,提高支架初撑力及采取带压及时移架的措施也能够确保煤壁的稳定性[13]。提高支架的初撑力对于保证支架的工作阻力具有积极的作用,支架支护强度对煤壁片帮深度的作用机理也表明,增加支架的支护强度能够有效地减少顶板下沉量,减弱顶板对工作面前方煤体的作用,保证了煤壁的稳定性。

数值模拟结果表明,当节理面与工作面推进方向的夹角为钝角时,大采高工作面易片帮区域位于煤壁的下方,有利于工作面端面围岩的控制。所以,应在布置工作面时尽量使推进方向和煤层节理面的夹角呈钝角,减弱节理面倾角对大采高工作面煤壁稳定性的影响;工作面新揭露的节理裂隙与工作面推进方向的夹角为锐角时,应提前采取技术措施,确保煤壁的稳定性。

根据煤层节理裂隙的分布特征,有针对性地采用超前深孔静压预注水技术、注浆或补打木锚杆、快硬膨胀水泥尼龙绳锚杆、树脂及玻璃钢等可切割锚杆[13,40,47],可达到等效增大节理面间距,提高松软煤体物理力学性质的目的。

超前深孔静压预注水防治煤壁片帮的作用机理为:采用超前深孔静压预注水技术,可使压力水沿着煤层内的节理裂隙向四周扩散,使得煤体内部的毛细孔内吸附大量的水分子。当达到饱和状态时,水分子相互吸引,增加了煤粒之间的相互吸引力,进而提高了煤体的整体性。当松软煤体经受支承压力的作用时,被重新压实、压密,使得煤粒间的距离缩小,煤分子间的相互吸引力也逐渐增大,从而使得注水区域的煤体黏结在一起,形成了具有一定厚度和强度的黏结区域[151]。黏结区域的形成,相当于等效增大了煤层内节理裂隙面的间距,增加了松软煤体的完整性,提高了松软煤体的物理力学参数,对于大采高工作面煤壁片帮具有积极作用。

基本顶的断裂步距及回转角对煤壁及支架的稳定性有重要作用,而直接顶损伤变量、厚度及弹性模量均能对支架的稳定性产生影响。根据基本顶和直接顶的岩性,可采用高压注水或强制放顶的技术措施[152-153],增加直接顶的损伤以及减小直接顶的弹性模量,使直接顶及时冒落或增大顶板的冒落范围(增加直接顶的冒落厚度),以减小基本顶的回转角,并能够减小基本顶的来压步距,保证大采高工作面煤壁和支架的稳定性。

通过高压注水可改变基本顶的物理力学性质,降低基本顶岩层的力学强度,一般可采用分层高压注水、超前工作面高压注水、二次高压注水以及采空区顶板高压注水等四类技术措施。

强制放顶技术主要通过破坏基本顶的完整性、扩展和增加基本顶岩层中的弱面,降低基本顶的抗剪和抗拉强度,达到人为控制基本顶断裂步距的目的,一般可采用循环放顶、端部拉槽放顶、中部拉槽放顶、悬顶拉槽放顶、超前深孔松动爆破和地面深孔放顶等 6 种技术措施。

6.2 工业性试验研究

6.2.1 超前深孔静压预注水技术

在松软煤层条件下,煤壁片帮是大采高工作面支架围岩关系失稳的主要影响因素[151,154-155],此时应以控制煤壁片帮为主,以达到改善支架围岩关系,确保工作面安全高效生产的目的。以泉店煤矿 14050 极松软大采高工作面为例,分析超前深孔预注水技术对防治煤壁的技术效果。

14050 大采高综采工作面埋深为 643 m,倾斜长度 148 m,可采走向长度 443.8 m,工作面采用大采高一次采全高综合机械化长壁采煤法。煤层平均厚度为 4.02 m,平均倾角为 29°,煤层坚固性系数仅为 0.15。

6.2.1.1　技术参数

为延长深孔注水的时间,保证超前深孔静压预注水技术的效果,还需采用浅孔高压注浆技术加强巷帮煤壁的抗压能力,所用浆液中速凝水泥与水的质量比为 1∶1.14。

（1）注水（浆）孔参数

上巷首个注水孔至开切眼的距离为 50 m,下巷首个注水孔至开切眼的距离为 58.5 m;工作斜长为 148 m,设计注水孔深为 70 m,误差为 ±2 m;加固注浆孔深度为 9～10 m。根据已有煤层注水经验可知,深孔注水的煤层湿润半径基本等于煤层厚度,14050 工作面煤层最大厚度为 7.4 m,所以确定深孔注水钻孔的孔间距为 8 m。注水孔孔径为 75 mm,加固孔孔径为 42 mm。由于煤层的平均倾角为 29°,确定上巷俯角钻孔倾角为 −26°～−30°,方位为 204°[图 6-1(a)],下巷仰角钻孔倾角为 26°～30°,方位角为 24°[图 6-1(b)]。

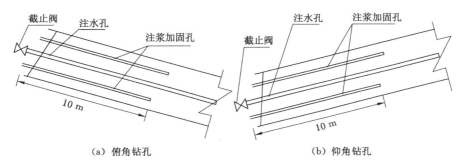

（a）俯角钻孔　　　　　　　　　　（b）仰角钻孔

图 6-1　钻孔剖面图

（2）注水（浆）压力

根据深孔注水压力经验公式,可得：

$$\left.\begin{aligned} P &= P_0 + K_y V_u \\ P_0 &= 156 - 78/(0.001 H_m + 0.5) \\ K_y &= 6.75f - 3 \end{aligned}\right\} \tag{6-1}$$

式中,P 为煤壁注水初始压;V_u 为单位注水速度;P_0 为最小煤壁注水压力;K_y 为煤层性质系数;H_m 为煤层的开采深度;f 为煤层坚固性系数。

代入相应的参数并参考已有经验,确定深孔注水的压力为 2～3 MPa。

加固巷帮煤壁的注浆孔采用高压注浆技术,其注浆压力为 4 MPa。

(3)单孔注水(浆)参数

单孔注水量 Q_z 为:

$$Q_z = K_z L_z B_j M \gamma_m q_d \qquad (6-2)$$

式中,Q_z 为单孔注水量;K_z 为注水系数,取 1.2;L_z 为注水孔长度,取 70 m;B_j 为注水孔间距,取 8 m;M 为煤层厚度,取 4.02 m;γ_m 为煤的密度,取 1.42 t/m³;q_d 为吨煤注水量,取 0.02 m³/t。

代入相应数据,可得单孔注水量为 76.7 m³。

由于 14050 大采高工作面煤层孔隙率低、透水性差,参考国内外相同条件的生产经验,确定采用小流量长时间注水的方法使煤体得到充分湿润,则相应的单孔注水量为 0.9 m³/h,注水时间为 85 h,约为 3.5 d。

停止注水时钻孔至工作面的距离应为 8~20 m,工作面日推进度为 2.5 m,则注水孔开始注水时至工作面的最短距离为 16.8~28.8 m,为便于现场实际操作,取为 25 m。

加固巷帮煤壁时,当巷帮煤壁流出浆液时即停止注浆,注浆结束后孔口管周围用水泥加固。

(4)封孔结构

深孔注水管长度为 42 m,其中前 18 m 采用 φ13.3 mm 的无缝钢管,后 24 m 采用 φ13.3 mm 的花管,在注水管 18 m 处缠紧棉纱,并在棉纱两端焊钢板,防止棉纱脱落。

① 仰角注水孔封孔结构[图 6-2(a)]。使用 2TGZ-60/210 型双液高压调速注浆泵注水泥浆液封堵无缝钢管部分,水泥浆液中水泥与水的质量比为 1∶3,当排气管返出水泥浆液时停止注浆。相应的注浆管、排气管使用 φ13.3 mm 的无缝钢管,排气管长度为 17 m,注浆管长度小于排气管。

② 俯角注水孔封孔结构[图 6-2(b)]。通过向注水孔内灌水泥浆液的方法封堵无缝钢管部分,灌浆前应向孔内塞入一定量的黄泥,以防止水泥浆液流至孔底。水泥浆液中水泥与水的质量比为 1∶2,当孔内流出的水泥浆液浓度较大时停止灌浆。

为保证封孔质量,注浆或灌浆结束后,在注水孔口周围应用水泥加固,固孔结束 24 h 后方可向孔内注水。

加固巷帮煤壁的浅孔注浆孔的封孔结构[图 6-2(c)]与深孔注水孔基本一致。

(5)钻孔布置方式

根据 14050 大采高工作面的地质条件,采用双向长钻孔的方式布置注水孔

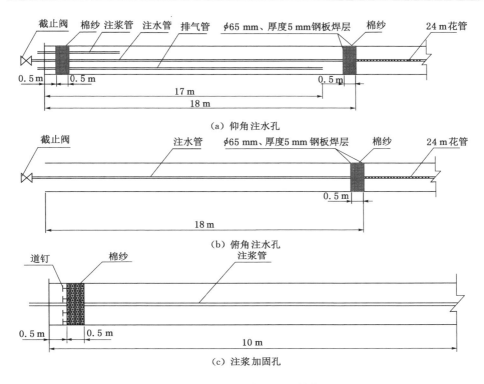

图 6-2 深孔注水孔封孔结构

（图 6-3）。与其他钻孔布置方式相比，双向长钻孔布置方式具有湿润半径大，湿润均匀，注水时间能够保证，与采煤生产及其他作业互不干扰，不影响工作面正常生产的优点。

6.2.1.2 技术效果分析

采用深孔预注水技术后，14050 大采高工作面煤壁发生片帮的频率降低了 80%，煤壁平均片帮深度减小了 35%，平均片帮长度减小了 50%，煤壁的稳定性得到了有效的改善。这表明深孔预注水技术对控制松软煤层工作面的煤壁稳定性技术效果显著。

6.2.2 超前松动爆破强制放顶技术

在坚硬顶板条件下，基本顶易发生悬顶[152,156-157]，此时应以控制基本顶断裂步距及回转角为主，保证支架与煤壁稳定性，确保工作面安全生产。以晋华宫煤矿 8210 坚硬顶板大采高工作面为例，分析超前松动爆破强制放顶技术对防治煤壁片帮和保持支架稳定性的技术效果。

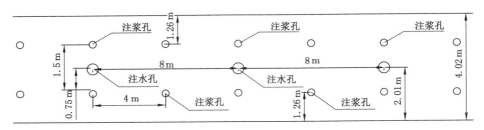

(a) 巷帮钻孔相对位置

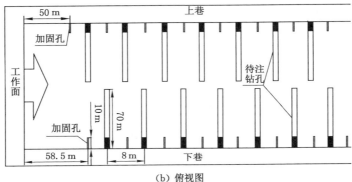

(b) 俯视图

图 6-3　钻孔布置示意图

8210 坚硬顶板大采高工作面标高为 814～916 m,地面标高为 1 155～1 243 m。工作面可采走向长度 1 700 m,倾向长度 163.7 m,煤层平均厚度为 5.5 m,煤层平均角度为 6°,采用大采高一次采全高综合机械化长壁采煤法。煤层含夹矸 1～2 层,最大夹矸厚度为 0.6 m。工作面直接顶为粉细砂岩,厚度为 2.3 m;基本顶岩性为中粗砂岩,厚度为 18.2 m。

6.2.2.1　技术参数

（1）放顶步距

根据相邻工作面的生产情况可知,直接顶初次垮落步距为 20～26 m,平均为 25 m;基本顶的初次来压步距为 43～55 m,平均为 50 m,周期来压步距为 30 m。结合 402 盘区大采高综采工作面的实际生产情况,确定工作面初次放顶步距为 25 m,周期放顶步距为 20 m。

（2）放顶孔垂深

按照工作面顶板垮落带的高度确定放顶孔垂深 H_f（图 6-4）:

$$H_f = \frac{M-\delta}{K_p-1} \tag{6-3}$$

式中,M 为工作面采高,$M = 5.5$ m;δ 为顶板垮落的空隙,$\delta = 0.5$ m;K_p 为岩石碎胀系数,为了提高安全系数,取 $K_p = 1.4$。

代入相应数据,可得放顶孔平均垂深应不小于 13 m。

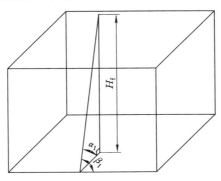

图 6-4 放顶孔垂深示意图

（3）单位炸药消耗量

单位体积的岩石所需炸药消耗量 q_{zy} 与爆破断面、岩石坚固性系数的关系式为：

$$q_{zy} = 1.1 k_e \sqrt{\frac{f}{S}} \qquad (6\text{-}4)$$

式中,k_e 为炸药校正系数,$k_e = 525/P$;P 为炸药爆力;S 为爆炸端面面积,$S = 260$ m²;f 为岩石坚固性系数,$f = 8$。

代入相应数据,单位炸药量为 0.23 kg/m³。

（4）最小抵抗线

超前深孔松动爆破采用的是松动爆破漏斗（图 6-5）的方式,最小抵抗线 W 的计算公式为：

$$W = \frac{r_L}{n_L} \qquad (6\text{-}5)$$

式中,r_L 为标准爆破漏斗半径,m;n_L 为松动爆破漏斗作用指数,取 $n_L = 0.75$。

标准爆破漏斗（图 6-6）半径 r_L 为：

$$r_L = W' \qquad (6\text{-}6)$$

$$W' = r_b \sqrt{\frac{3.14 \rho_0}{m_{jk} q_{zy}}} \qquad (6\text{-}7)$$

式中,W' 为标准爆破松动漏斗的最小抵抗线,m;r_b 为装药半径,m;ρ_0 为炸药密度,g/cm³;m_{jk} 为装药间距与最小抵抗线的比,$m_{jk} = 0.8 \sim 2$。

代入相应数据,可得松动爆破漏斗最小抵抗线为 4.3 m。

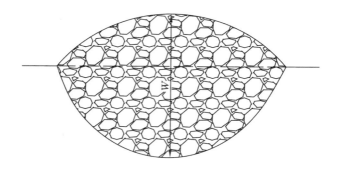

图 6-5 松动爆破漏斗示意图

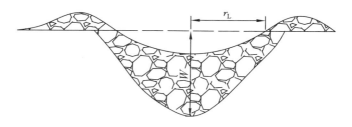

图 6-6 标准爆破漏斗示意图

（5）钻孔布置层数及深度

根据放顶孔垂深和最小抵抗线的计算，确定工作面周期放顶孔按双层布置（图 6-7），放顶孔深度为 40 m；工作面切顶孔（图 6-8）按 3 层布置，切顶孔长度为 25 m。

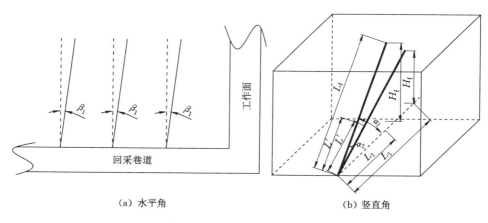

（a）水平角　　　　　　　　　（b）竖直角

图 6-7 巷道放顶孔参数示意图

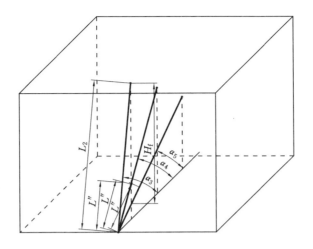

图 6-8　工作面切顶孔参数示意图

（6）巷道周期放顶孔水平角度和竖直角度

巷道周期放顶孔（图 6-7）的相应参数为：

$$\left.\begin{aligned}
\alpha_1 &= \arcsin\frac{H_f+1}{L_f}\\[4pt]
\alpha_2 &= \arcsin\frac{1.0+W}{L'}\\[4pt]
\beta_1 &= \arcsin\frac{l_z}{L_1}
\end{aligned}\right\} \tag{6-8}$$

式中，α_1、α_2 为工作面周期放顶孔的竖直角度，$(°)$；β_1 为工作面周期放顶孔的水平角度，$(°)$；L_f 为工作面周期放顶孔长度，取 $L=40$ m；L' 为工作面周期放顶孔无药段最小长度，取 $L'=16$ m；L_1 为工作面周期放顶孔的水平长度，取 $L_1=37.8$ m；l_z 为支架顶梁长度，取 $l_z=5.1$ m。

代入相应的参数，可得 $\alpha_1=25°$、$\alpha_2=18°$、$\beta_1=7°$。

（7）工作面切顶孔竖直角度

工作面切顶孔（图 6-8）的相应参数为：

$$\left.\begin{aligned}
\alpha_3 &= \arcsin\frac{H_f}{L_2}\\[4pt]
\alpha_4 &= \arcsin\frac{W}{L''}\\[4pt]
\alpha_5 &= \arcsin\frac{W'}{L''}
\end{aligned}\right\} \tag{6-9}$$

式中,L_2 为工作面切顶孔的长度,取 $L_2 = 25$ m;L'' 为工作面切顶孔无药段最小长度,取 $L'' = 9$ m。

代入相应参数,可得 $\alpha_3 = 40°$、$\alpha_4 = 30°$、$\alpha_5 = 20°$。

(8) 放顶孔装药长度及装药量

根据工作面顶板岩性、放顶孔布置方案及炸药种类,计算炸药总量;并根据装药系数,确定放顶孔装药长度。

每米装药量 g_m 为:

$$g_m = 3.14 r^2 \rho_0 \tag{6-10}$$

式中,r 为钻孔直径,取 $r = 32.5$ mm,可得 $g_m = 3.32$ kg/m。

工作面周期放顶孔为 40 m,则单孔装药量 Q 为 132.8 kg,而深孔爆破装药量不应大于放顶孔装药总量的 2/3,所以装药长度 24 m,单孔最大装药量为 48 kg,25 m 深孔最大装药量为 32 kg。

(9) 其他参数

考虑工作面瓦斯含量及顶板岩性,选择三级煤矿岩石乳化粉末炸药。根据钻孔的深度,确定选用正向装药的方式(图 6-9)。

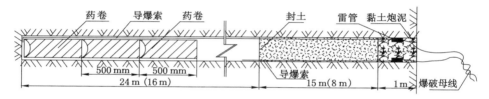

图 6-9　装药结构示意图

(10) 放顶钻孔布置方式

为了不影响工作面正常回采,同时减少工作面顶板的冒落对放顶孔破坏,并确保放顶效果,在工作面内布置切顶孔,在工作面两回采巷道中布置初次放顶孔[图 6-10(a)、图 6-11(a)(b)(c)]。在工作面初采阶段,当工作面切顶孔滞后支架切顶线 1 m 时,应及时进行切顶放顶。当工作面位置距切顶孔 25 m 时,应在工作面两回采巷道中进行初次放顶,使工作面顶板及时垮落。

工作面周期放顶孔[图 6-10(b)、图 6-11(d)]布置在两回采巷道内,一般超前工作面 50～100 m,间距为 20 m。当工作面周期放顶孔距工作面煤壁 10 m 时,停止工作面生产,进行串联爆破,在工作面顶板的上下端头拉槽,使工作面顶板在采空区内及时垮落。

6.2.2.2　技术效果分析

与 8210 工作面同盘区的 8212 大采高工作面,未采用超前深孔松动爆破强

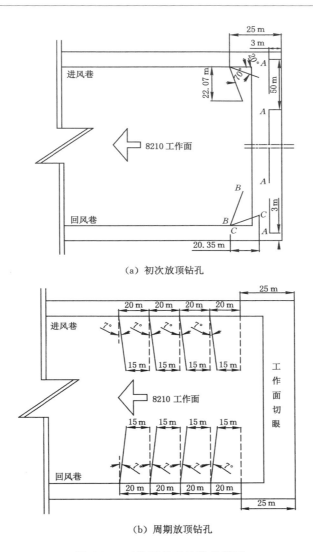

（a）初次放顶钻孔

（b）周期放顶钻孔

图 6-10 工作面放顶钻孔布置图

制放顶技术，发生了严重的压架事故，工作面支架的稳定较差，工作面端面顶板最大下沉量可达 1 100 mm；煤壁片帮事故频发，最大的片帮深度达 4 m，严重影响了工作面的正常生产。

在 8210 工作面回采过程中，采用了超前深孔松动爆破强制放顶技术，现场实测数据（表 6-1）表明，支架末阻力实测平均值及时间加权工作阻力平均分别占支架额定工作阻力的 67.2% 和 65.7%，表明支架的稳定较好，能够较好满足

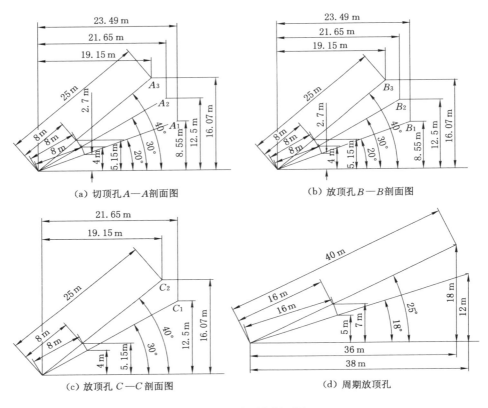

（a）切顶孔 A—A 剖面图　　　　　（b）放顶孔 B—B 剖面图

（c）放顶孔 C—C 剖面图　　　　　（d）周期放顶孔

图 6-11　放顶孔剖面图

晋华宫煤矿坚硬顶板大采高综采工作面顶板的支护要求。同时工作面煤壁片帮得到了有效控制，煤壁片帮频率及程度大幅度降低，工作面来压期间煤壁片帮深度为 0.3～1.1 m。

表 6-1　8210 大采高工作面煤壁片帮实测数据

观测次数	片帮位置/m	片帮深度/m	片帮宽度/m	片帮高度/m
第 1 次	2.1	0.3	3.2	2.6
第 2 次	1.3	0.5	1.8	1.4
第 3 次	1.8	1.1	3.7	2.7
第 4 次	1.2	0.9	1.6	1.3
第 5 次	2.3	0.4	0.8	0.5
第 6 次	1.7	0.8	1.2	0.7

参 考 文 献

[1] 中煤协:今年煤炭产量将同比减少5%[EB/OL].(2015-04-10)[2016-08-03]. https://money.163.com/15/0410/14/AMRJ8VEJ00253B0H.html.

[2] 陈炎光,钱鸣高.中国煤矿采场围岩控制[M].徐州:中国矿业大学出版社,1994.

[3] 钱鸣高,石平五.矿山压力与岩层控制[M].徐州:中国矿业大学出版社,2004.

[4] 钱鸣高,缪协兴,许家林,等.岩层控制的关键层理论[M].徐州:中国矿业大学出版社,2000.

[5] 宁宇.中国大采高综合机械化开采技术与装备[M].北京:煤炭工业出版社,2012.

[6] 徐永圻.煤矿开采学[M].徐州:中国矿业大学出版社,1999.

[7] 何富连,钱鸣高,刘长友.高产高效工作面支架-围岩保障系统[M].徐州:中国矿业大学,1997.

[8] 王金华.我国大采高综采技术与装备的现状及发展趋势[J].煤炭科学技术,2006,34(1):4-7.

[9] 张宝明,陈炎光,徐永圻.中国煤矿高产高效技术[M].徐州:中国矿业大学出版社,2001.

[10] 毛德兵,康立军.大采高综放开采及其应用可行性分析[J].煤矿开采,2003,8(1):11-14.

[11] LIU Q M,MAO D B. Research on adaptability of full-mechanized caving mining with large mining-height[J]. Procedia engineering,2011,26:652-658.

[12] 王家臣.厚煤层开采理论与技术[M].北京:冶金工业出版社,2009.

[13] 孟宪锐,王鸿鹏,刘朝晖,等.我国厚煤层开采方法的选择原则与发展现状[J].煤炭科学技术,2009,37(1):39-44.

[14] 尹希文,闫少宏,安宇.大采高综采面煤壁片帮特征分析与应用[J].采矿与安全工程学报,2008,25(2):222-225.

[15] 何富连,钱鸣高,刘学锋,等.大采高液压支架倾倒特征与控制条件[J].中国矿业大学学报,1997,26(4):20-24.

[16] 刘锦荣,何富连.大采高综采工作面支架-围岩系统稳定性探讨[J].煤矿开采,1995(3):36-40.

[17] 弓培林.大采高采场围岩控制理论及应用研究[M].北京:煤炭工业出版社,2006.

[18] 朱维申,李术才,陈卫忠.节理岩体破坏机理和锚固效应及工程应用[M].北京:科学出版社,2002.

[19] 蓝航.节理岩体采动损伤本构模型及其在露井联采工程中的应用[D].北京:煤炭科学研究总院,2007.

[20] 李术才,朱维申.复杂应力状态下断续节理岩体断裂损伤机理研究及其应用[J].岩石力学与工程学报,1999,18(2):142-146.

[21] 郝宇军.赵庄矿大采高设备配套应用和适应性分析[J].煤矿机械,2008,29(10):62-64.

[22] 宋朝阳.寺河矿大采高工作面煤壁片帮机理及防治措施[J].煤炭技术,2007,26(4):52-54.

[23] 杨胜利,杨福云,李敏.浅埋深大采高工作面矿压显现规律及煤壁稳定性研究[J].煤炭工程,2010,42(6):55-58.

[24] 胡国伟.大采高综采工作面矿压显现特征及控制研究[D].太原:太原理工大学,2006.

[25] 华心祝.倾斜长壁大采高综采工作面围岩控制机理研究[D].北京:中国矿业大学(北京),2005.

[26] OLAF J. Monitoring and control of face equipment[J]. IFAC proceedings volumes,1980,13(7):179-188.

[27] BARCZAK T M. Design and operation of powered supports for longwall mining[J]. International journal of rock mechanics and mining sciences and geomechanics abstracts,1993,30(1):A45.

[28] 袁永.大采高综采采场支架-围岩稳定控制机理研究[D].徐州:中国矿业大学,2011.

[29] 温运峰,高永格,蔡振禹.对厚煤层综采面煤壁片帮冒顶严重的原因分析[J].河北建筑科技学院学报,2004(2):69-71.

[30] 李庶林.论我国金属矿山地质灾害与防治对策[J].中国地质灾害与防治学报,2002,13(4):44-48.

[31] 刘长友,黄炳香,常兴民,等.极软厚煤层大采高台阶式综采端面煤岩稳定性控制研究[J].中国矿业大学学报,2008,37(6):734-739.

[32] 杨敬轩,刘长友,吴锋锋,等.煤层硬夹矸对大采高工作面煤壁稳定性影响

机理研究[J].采矿与安全工程学报,2013,30(6):856-862.

[33] 周涛,刘长友,杨伟.煤层夹矸对采场应力分布的影响[J].煤炭技术,2011,30(9):106-107.

[34] 杨培举,刘长友,吴锋锋.厚煤层大采高采场煤壁的破坏规律与失稳机理[J].中国矿业大学学报,2012,41(3):371-377.

[35] 王家臣.极软厚煤层煤壁片帮与防治机理[J].煤炭学报,2007,32(8):785-788.

[36] 闫少宏.大采高综放开采煤壁片帮冒顶机理与控制途径研究[J].煤矿开采,2008,13(4):5-8.

[37] 闫少宏,尹希文.大采高综放开采几个理论问题的研究[J].煤炭学报,2008,33(5):481-484.

[38] 宁宇.大采高综采煤壁片帮冒顶机理与控制技术[J].煤炭学报,2009,34(1):50-52.

[39] 郝海金,张勇.大采高开采工作面煤壁稳定性随机分析[J].辽宁工程技术大学学报(自然科学版),2005,24(4):489-491.

[40] 华心祝,谢广祥.大采高综采工作面煤壁片帮机理及控制技术[J].煤炭科学技术,2008,36(9):1-3.

[41] 郭保华,涂敏.浅谈我国大采高综采技术[J].中国矿业,2003,12(10):40-42.

[42] 方新秋,何杰,李海潮.软煤综放面煤壁片帮机理及防治研究[J].中国矿业大学学报,2009,38(5):640-644.

[43] 李建国,田取珍,杨双锁.河滩沟煤矿综放面煤壁片帮机理及其控制[J].煤炭科学技术,2003,31(12):73-75.

[44] 李建国,田取珍,杨双锁.综采放顶煤工作面俯、仰斜开采对煤壁片帮的影响机理研究[J].太原理工大学学报,2004,35(4):407-409.

[45] 夏均民.大采高综采围岩控制与支架适应性研究[D].青岛:山东科技大学,2004.

[46] 刘俊峰.两柱掩护式大采高强力液压支架适应性研究[D].北京:煤炭科学研究总院,2006.

[47] 尹志坡.大采高综采工作面煤壁片帮的分析与预防[J].华北科技学院学报,2008,5(3):51-53.

[48] 刘洪伟,刘卫方.采煤工作面煤壁片帮影响因素研究[J].煤炭技术,2006,25(10):136-137.

[49] 李建军.大采高综采工作面矿压观测与顶板管理[J].华北科技学院学报,

2004,1(2):10-12.

[50] 钱鸣高,缪协兴.采场支架与围岩耦合作用机理研究[J].煤炭学报,1996,21(1):40-44.

[51] 刘锋,刘长友,李西蒙,等.支架位态对于放顶煤及其顶板控制的影响研究[J].能源技术与管理,2011,36(2):56-58.

[52] 杨伟,杨宇,王晓,等.大倾角煤层伪斜工作面支架稳定性分析[J].煤炭工程,2011,43(6):88-90.

[53] 杨培举,刘长友,韩纪志,等.平衡千斤顶对放顶煤两柱掩护支架适应性的作用[J].采矿与安全工程学报,2007,24(3):278-282.

[54] 杨培举.两柱掩护式放顶煤支架与围岩关系及适应性研究[D].徐州:中国矿业大学,2009.

[55] 祁寿勋,吴国华,赵宏珠.大采高液压支架的稳定性问题[J].煤炭科学技术,1986,14(1):35-39.

[56] 韩俊效,李化敏,熊祖强,等.寺河矿大采高超长工作面初撑力与采场控制分析[J].煤炭技术,2010,29(12):74-75.

[57] 王国法,刘俊峰,任怀伟.大采高放顶煤液压支架围岩耦合三维动态优化设计[J].煤炭学报,2011,36(1):145-151.

[58] 闫少宏,尹希文,许红杰,等.大采高综采顶板短悬臂梁-铰接岩梁结构与支架工作阻力的确定[J].煤炭学报,2011,36(11):1816-1820.

[59] 文志杰,汤建泉,王洪彪.大采高采场力学模型及支架工作状态研究[J].煤炭学报,2011,36(增刊):42-46.

[60] 赵宏珠,宋秋爽.特大采高液压支架发展与研究[J].采矿与安全工程学报,2007,24(3):265-269.

[61] 弓培林,靳钟铭.影响大采高综采支架稳定性的试验研究[J].太原理工大学学报,2001,32(6):666-669.

[62] 方新秋.综放采场支架-围岩稳定性及控制研究[D].徐州:中国矿业大学,2002.

[63] 李宏建,孙星亮,石平五.综采工作面支架初撑力对围岩控制的作用[J].河北建筑科技学院学报,1997(2):20-24.

[64] 王永东,田银素.大采高液压支架使用中存在的问题与对策[J].煤炭科学技术,2002,30(增刊):47-49.

[65] 林忠明,陈忠辉,谢俊文,等.大倾角综放开采液压支架稳定性分析与控制措施[J].煤炭学报,2004,29(3):264-268.

[66] 王春华,丁仁政.大采高支架的适应性与稳定性分析[J].煤矿机械,2007,

28(3):47-49.

[67] 牛宏伟,李宗涛,王睿.大采高综放支架的承载特征与适应性研究[J].煤,2008,17(6):15-17.

[68] 王玉洁,王玉珏.基于 Matlab 的大采高支架稳定性研究[J].湖南工程学院学报(自然科学版),2009,19(3):23-25.

[69] 郭振兴.大采高采场围岩控制及支架稳定性研究[D].西安:西安科技大学,2010.

[70] 张武东.大倾角、大俯角条件下大采高液压支架稳定性的研究[J].矿山机械,2010,38(1):21-24.

[71] 朱军.年产千万吨综采工作面液压支架的研制[J].煤矿开采,2011,16(3):98-100.

[72] 朱世阳.厚煤层 6.0 m 采高液压支架稳定性研究[D].西安:西安科技大学,2011.

[73] 张丽芳,王慧,贾发亮."三软"煤层大采高液压支架的稳定性[J].辽宁工程技术大学学报(自然科学版),2011,30(2):251-253.

[74] 郝海金,张勇,袁宗本.大采高采场整体力学模型及采场矿压显现的影响[J].采矿与安全工程学报,2003,20(增刊):21-24.

[75] 郝海金,吴健,张勇,等.大采高开采上位岩层平衡结构及其对采场矿压显现的影响[J].煤炭学报,2004,29(2):137-141.

[76] 王家臣,张剑,姬刘亭,等."两硬"条件大采高综采老顶初次垮落力学模型研究[J].岩石力学与工程学报,2005(A01):5037-5042.

[77] 付玉平,宋选民,邢平伟,等.大采高采场顶板断裂关键块稳定性分析[J].煤炭学报,2009,34(8):1027-1031.

[78] 弓培林,靳钟铭.大采高采场覆岩结构特征及运动规律研究[J].煤炭学报,2004,29(1):7-11.

[79] 弓培林,靳钟铭.大采高综采采场顶板控制力学模型研究[J].岩石力学与工程学报,2008,27(1):193-198.

[80] 鞠金峰,许家林,王庆雄.大采高采场关键层"悬臂梁"结构运动型式及对矿压的影响[J].煤炭学报,2011,36(12):2115-2120.

[81] 张惠,田银素.薄基岩大采高综采面矿压显现规律[J].矿山压力与顶板管理,2004,21(3):69-71.

[82] 黄乃斌,秦永洋,盖军,等.大采高倾斜长壁采场矿压规律研究[J].矿山压力与顶板管理,2005,22(4):81-83.

[83] 王春雷,田银素,于海涛.大采高浅埋藏综采工作面顶板活动规律与控制研

究[J].煤炭工程,2010,42(12):43-45.

[84] 何鹏飞.大采高采场覆岩结构及围岩控制技术研究[D].太原:太原理工大学,2011.

[85] 肖家平,韩磊,姚向荣,等."三软"煤层大采高工作面采场覆岩运动规律数值研究[J].煤矿开采,2012,17(1):8-11.

[86] 孙占国.大采高采场上覆岩层运移规律数值模拟[J].辽宁工程技术大学学报(自然科学版),2012,31(2):181-184.

[87] JING L. A review of techniques,advances and outstanding issues in numerical modelling for rock mechanics and rock engineering[J]. International journal of rock mechanics and mining sciences,2003,40(3):283-353.

[88] JING L,HUDSON J A. Numerical methods in rock mechanics[J]. International journal of rock mechanics and mining sciences,2002,39(4):409-427.

[89] 侯艳丽.砼坝-地基破坏的离散元方法与断裂力学的耦合模型研究[D].北京:清华大学,2005.

[90] SALAMON M D G. Elastic moduli of a stratified rock mass[J]. International journal of rock mechanics and mining sciences & geomechanics abstracts,1968,5(6):519-527.

[91] KULATILAKE P,WANG S,STEPHANSSON O. Effect of finite size joints on the deformability of jointed rock in three dimensions[J]. International journal of rock mechanics and mining sciences & geomechanics abstracts,1993,30(5):479-501.

[92] SHEN H,ABBAS S M. Rock slope reliability analysis based on distinct element method and random set theory[J]. International journal of rock mechanics and mining sciences,2013,61:15-22.

[93] CAI M,KAISER P K,TASAKA Y,et al. Determination of residual strength parameters of jointed rock masses using the GSI system[J]. International journal of rock mechanics and mining sciences,2007,44(2):247-265.

[94] CAI M,KAISER P K,UNO H,et al. Estimation of rock mass deformation modulus and strength of jointed hard rock masses using the GSI system[J]. International journal of rock mechanics and mining sciences,2004,41(1):3-19.

[95] DINC O S,SONMEZ H,TUNUSLUOGLU C,et al. A new general

empirical approach for the prediction of rock mass strengths of soft to hard rock masses[J]. International journal of rock mechanics and mining sciences,2011,48(4):650-665.

[96] PRIEST S D, BROWN E T. Probabilistic stability analysis of variable rock slopes[J]. Institution of mining and metallurgy transactions,1983, 92:A1-A12.

[97] LONG J C S,REMER J S,WILSON C R,et al. Porous media equivalents for networks of discontinuous fractures[J]. Water resources research, 1982,18(3):645-658.

[98] ROBINSON P C. Connectivity of fracture systems-a percolation theory approach[J]. Journal of physics A:mathematical and general,1983,16 (3):605-614.

[99] GOODMAN R E, TAYLOR R L, BREKKE T L. A model for the mechanics of jointed rock[J]. Journal of soil mechanics and foundations div,1968,94(3):637-660.

[100] ANDERSSON J, SHAPIRO A M, BEAR J. A stochastic model of a fractured rock conditioned by measured information[J]. Water resources research,1984,20(1):79-88.

[101] DERSHOWITZ W S, EINSTEIN H H. Characterizing rock joint geometry with joint system models [J]. Rock mechanics and rock engineering,1988,21(1):21-51.

[102] SAHIMI M. Flow phenomena in rocks:from continuum models to fractals,percolation,cellular automata,and simulated annealing [J]. Reviews of modern physics,1993,65(4):1393-1534.

[103] 吴琼.复杂节理岩体力学参数尺寸效应及工程应用研究[D].武汉:中国地质大学,2012.

[104] KULATILAKE P H S W, UCPIRTI H, WANG S,et al. Use of the distinct element method to perform stress analysis in rock with non-persistent joints and to study the effect of joint geometry parameters on the strength and deformability of rock masses[J]. Rock mechanics and rock engineering,1992,25(4):253-274.

[105] 张琰.高土石坝张拉裂缝开展机理研究与数值模拟[D].北京:清华大学,2009.

[106] XU C S,DOWD P. A new computer code for discrete fracture network

modelling[J]. Computers and geosciences,2010,36(3):292-301.

[107] KULATILAKE P H S W,WU T H. Estimation of mean trace length of discontinuities[J]. Rock mechanics and rock engineering,1984,17(4):215-232.

[108] KULATILAKE P H S W. Bivariate normal distribution fitting on discontinuity orientation clusters[J]. Mathematical geology,1986,18(2):181-195.

[109] 周正义,曹平,林杭. 3DEC应用中节理岩体力学参数的选取[J].西部探矿工程,2006,18(7):163-165.

[110] ITASCA CONSULTING GROUP,INC. 3-dimensional distinct element code manual[M].[S. l. :s. n.],2007.

[111] 宋选民.裂隙分布影响冒放性的试验研究[J].中州煤炭,1997(3):18-19.

[112] 宋选民.放顶煤开采顶煤裂隙分布与块度的相关研究[J].煤炭学报,1998,23(2):150-154.

[113] 赵明鹏.煤层节理及其工程地质意义[J].工程地质学报,2001,9(2):152-157.

[114] 史东广.节理发育对厚煤层的影响[J].煤炭技术,2003,22(7):96-97.

[115] 顾铁凤,郭常胜.利用裂隙与工作面布置匹配技术提高综放面的顶煤回收率[J].东北煤炭技术,1999(2):12-17.

[116] 于广明,谢和平.岩体采动沉陷的损伤效应[J].中国有色金属学报,1999,9(1):185-188.

[117] 纪有利,翟英达,韩丰.软煤层大采高工作面煤壁片帮机理及预防措施[J].山西煤炭,2011,31(1):42-44.

[118] 屈平,申瑞臣,付利,等.三维离散元在煤层水平井井壁稳定中的应用[J].石油学报,2011,32(1):153-157.

[119] 杨荣明,吴士良.布尔台煤矿大采高开采转综放开采实践研究[J].煤炭科学技术,2012,40(12):8-10.

[120] 谢和平.放顶煤开采巷道裂隙的分形研究[J].煤炭学报,1998,23(3):252-257.

[121] 杨冲.厚煤层大采高综采工作面采场围岩稳定性研究[D].北京:北方工业大学,2013.

[122] 蔡美峰.岩石力学与工程[M].北京:科学出版社,2002.

[123] 徐靖南,朱维申.压剪应力作用下多裂隙岩体的力学特性:本构模型[J].岩土力学,1993,14(4):1-15.

[124] OLSSON W A. Experiments on a slipping crack [J]. Geophysical research letters,1982,9(8):797-800.

[125] BRADY B H G,CRAMER M L,HART R D. Preliminary analysis of a loading test on a large basalt block [J]. International journal of rock mechanics and mining sciences & geomechanics abstracts,1985,22(5): 345-348.

[126] GERRARD C M. Equivalent elastic moduli of a rock mass consisting of orthorhombic layers [J]. International journal of rock mechanics and mining sciences & geomechanics abstracts,1982,19(1):9-14.

[127] 刘鸿文.材料力学Ⅰ[M].4版.北京:高等教育出版社,2004.

[128] KULATILAKE P H S W,WU Q,YU Z X,et al. Investigation of stability of a tunnel in a deep coal mine in China[J]. International journal of mining science and technology,2013,23(4):579-589.

[129] 谢和平,鞠杨,董毓利.经典损伤定义中的"弹性模量法"探讨[J].力学与实践,1997,19(2):1-5.

[130] 李鸿昌.矿山压力的相似模拟试验[M].徐州:中国矿业大学出版社,1988.

[131] 林韵梅.实验岩石力学模拟研究[M].北京:煤炭工业出版社,1984.

[132] 屠世浩.岩层控制的实验方法与实测技术[M].徐州:中国矿业大学出版社,2010.

[133] 钱鸣高,张顶立,黎良杰,等.砌体梁的"S-R"稳定及其应用[J].矿山压力与顶板管理,1994(3):6-11.

[134] 钱鸣高,缪协兴.采场"砌体梁"结构的关键块分析[J].煤炭学报,1994,19(6):557-563.

[135] 刘长友.采场直接顶整体力学特性及支架围岩关系的研究[D].徐州:中国矿业大学,1996.

[136] 曹胜根.采场围岩整体力学模型及应用研究[D].徐州:中国矿业大学,1999.

[137] 钱鸣高,何富连,王作棠,等.再论采场矿山压力理论[J].中国矿业大学学报,1994,23(3):1-9.

[138] 许家林,鞠金峰.特大采高综采面关键层结构形态及其对矿压显现的影响[J].岩石力学与工程学报,2011,30(8):1547-1556.

[139] 王红胜.沿空巷道窄帮蠕变特性及其稳定性控制技术研究[D].徐州:中国矿业大学,2011.

[140] 边强.6.2米大采高工作面矿压显现规律[J].科技成果管理与研究,2009
(5):53-58.

[141] 夏护国.7 m大采高液压支架关键技术研究与应用[J].煤矿机械,2011,
32(11):138-140.

[142] 王治伟.红柳林煤矿大采高工作面设备快速入井运输实践[J].煤炭工程,
2012,44(9):59-61.

[143] 张恩威.ZY16800/32/70液压支架的有限元分析[J].煤矿机械,2012,33
(9):115-117.

[144] 丁绍南.采煤工作面液压支架设计[M].北京:世界图书出版公司,1992.

[145] 胡国伟,靳钟铭.大采高综采工作面矿压观测及其显现规律研究[J].太原
理工大学学报,2006,37(2):127-130.

[146] 王立兵,李敬民,李建军.大采高综采超前支承压力观测及应用[J].华北
科技学院学报,2004,1(3):24-27.

[147] 姜玉连.大采高工作面矿压显现规律及煤壁片帮稳定性研究[J].煤炭工
程,2012,44(11):60-63.

[148] 尹希文.寺河煤矿5.8~6.0 m大采高综采面矿压规律研究[D].北京:煤
炭科学研究总院,2007.

[149] 刘长友,曹胜根,方新秋.采场支架围岩关系及其监测控制[M].徐州:中
国矿业大学出版社,2003.

[150] 徐芝纶.弹性力学[M].北京:高等教育出版社,1990.

[151] 周大为.松软煤层煤壁浅孔注水防片帮技术研究[D].淮南:安徽理工大
学,2009.

[152] 程家国.深井高地压坚硬顶板采场围岩特性与支护设计方法[D].青岛:山
东科技大学,2004.

[153] 吴锋锋.厚煤层大采高综采采场覆岩破断失稳规律及控制研究[D].徐州:
中国矿业大学,2014.

[154] 朱涛.软煤层大采高综采采场围岩控制理论及技术研究[D].太原:太原理
工大学,2010.

[155] 赵洪亮,袁永,张琳.大倾角松软煤层综放面矿压规律及控制[J].采矿与
安全工程学报,2007,24(3):345-348.

[156] 郭卫彬,刘长友,吴锋锋,等.坚硬顶板大采高工作面压架事故及支架阻力
分析[J].煤炭学报,2014,39(7):1212-1219.

[157] 王开,康天合,李海涛,等.坚硬顶板控制放顶方式及合理悬顶长度的研究
[J].岩石力学与工程学报,2009,28(11):2320-2327.